簡約至上！
設計師風格帆布包
手作言究室的製包筆記

簡約至上！
設計師風格帆布包
手作言究室的製包筆記

簡約至上！

設計師風格帆布包

手作言究室的製包筆記

Eileen 手作言究室◎著

手作，
是與生活串連，向內尋找自我的過程

將手作融入日常生活中，在各種場合皆能將手作與生活串連，是我創作的最基本想法。

這本書的教學是以基本袋型設計為發想，從口袋、拉鍊、提把、色彩變化而延伸出不同版型的包款，只需學會基本作法，加以變化，就能作成不同款式的包包；或以相同作法，運用在不同紙型上，就能改變包包的姿態，自由享受製包的樂趣。

以往從事的工作，經常需要製作樣品展示布料，作的越多，才發現自己喜歡簡單的基本包款，而帆布就是最容易入手的布料，顏色多樣，材質較為硬挺，在製作上也較為容易，我喜歡帆布的質感，可與各式風格的印花布搭配，完成實用又耐看的包包。

我的設計包款沒有複雜的技巧，講究的是實用性與視覺搭配，在設計不同的口袋或拉鍊應用時，與各式不同五金萌發各種創作變化，是製包最好玩的事。

因著對於手作的熱情，我在網路平台成立了「Eileen 手作言究室」，"言"是女兒名字中的其中一字，因為有了她，才有了想要開啟個人工作室的想法。「Eileen 手作言究室」的成立主軸，是以質感及簡單為理念，從生活擷取靈感，創作出帶給自身喜悅且實用好搭的手作布品，隨著持續開發新的包款，發現自己真正的需求及喜好，同時亦是向內尋找自我的過程，並漸漸地建立自己的風格，也隨時提醒自己，保持著喜愛手作的初心。

"

~誠摯感謝~

隆德貿易呂老闆、

陽鐘拼布飾品材料DIY洪老闆的協助，

雅書堂文化詹老闆的支持與編輯團隊的用心，

成就了我的第一本手作書，

希望購買本書的您，

能夠在書中得到更多的製包靈感，

開始動手製作專屬自己獨一無二的手作包。

"

關於作者
Eileen手作言究室
蘇怡綾

日本手藝普及協會手縫證書班指導員
瑞士BERNINA機縫證書班第一屆講師
瑞士BERNINA NSP國際縫紉講師
曾任布能布玩迪化店店長

f 粉絲專頁
Eileen手作言究室

f 社團
Eileen手作言究室：縫紉×拼布社群

⊙ yhandmade10

Eileen Handcraft
手 作 言 究 室

Contents

作者序
手作，是與生活串連，向內尋找自我的過程　P.2

Design **01**
製包態度

Design **02**
設計師的
製包筆記

Design **03**
帆布包言究事

Design **04**
製包小教室

製包態度

製包
與我喜歡的穿搭風格一樣，
簡單，就好看。

01

綠色香草・手提包

設計說明

使用帆布・8 號帆布（軍綠色）
使用配色布・棉麻布（花草）
使用提把・S-09147（陽鐘拼布飾品材料 DIY）
How to make・P.72 - P.75
紙型・B 面

Design note ✂

利用 8 號帆布硬挺的特性,
設計簡單的袋型。省略裡布的製作,
初學者也能輕鬆上手。
若覺顏色單調,可依照需求搭配有圖案的棉麻布,
為包包增添色彩,製作個人風格袋物。

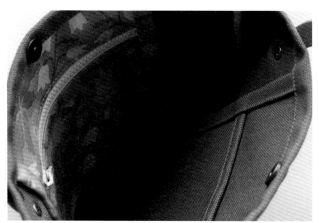

包包的背面以純色表現,
搭配低調感的穿搭風格,大方合宜。

口袋設計呼應表布口袋花色,
讓包包裡外的視覺美感更一致。

02

黑色外套·肩背包

設計說明 使用帆布·8 號帆布（黑色）
使用配色布·棉麻布（條紋）
使用提把·S-09163（陽鐘拼布飾品材料 DIY）
How to make · P.76 - P.77
紙型 · D 面

P.8
基本款

延伸款

這款黑色肩背包
是以 P.8 手提包作法延伸的俐落包款。
同樣選用 8 號帆布製作,
不需裡布,只需收邊就能快速完成,
非常適合初學者製作。簡單俐落的袋型,
搭配 2 個小口袋,讓包包增加收納空間,
就像是衣櫃裡都要有的黑色外套,
簡單時尚,日常穿搭必備。

製包態度

選用黑白條紋布製作夾式拉鍊口袋,
成為裡袋設計的亮點。

11

03

午后的和風藍・長包

設計說明

使用帆布・10 號帆布（霧藍色、米白色）
使用配色布・棉麻布（和風花草）
使用提把・S-09044（陽鐘拼布飾品材料 DIY）
How to make・P.78 - P.81
紙型・C 面

Design note

刻意將袋型設計的較長,
可放置雨傘及水壺,
製作方法十分簡單。
以和風感的印花布製作袋蓋,
搭配帆布,展現優雅風格,
加上與背帶同款的黑色皮製磁釦,
極具個性,質感加分。

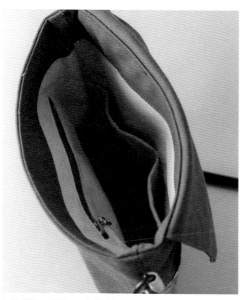

以隔間口袋及一字拉鍊口袋作為袋內隔層設計,
選用素色帆布呈現簡約素雅的裡袋。

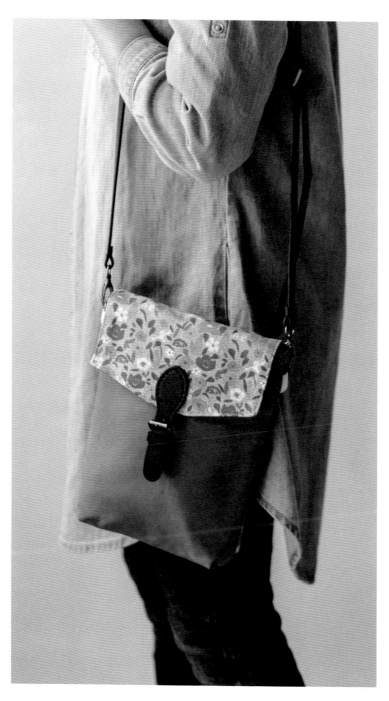

作有後口袋設計,
選擇與袋蓋相同的印花布製作,
更富整體感。

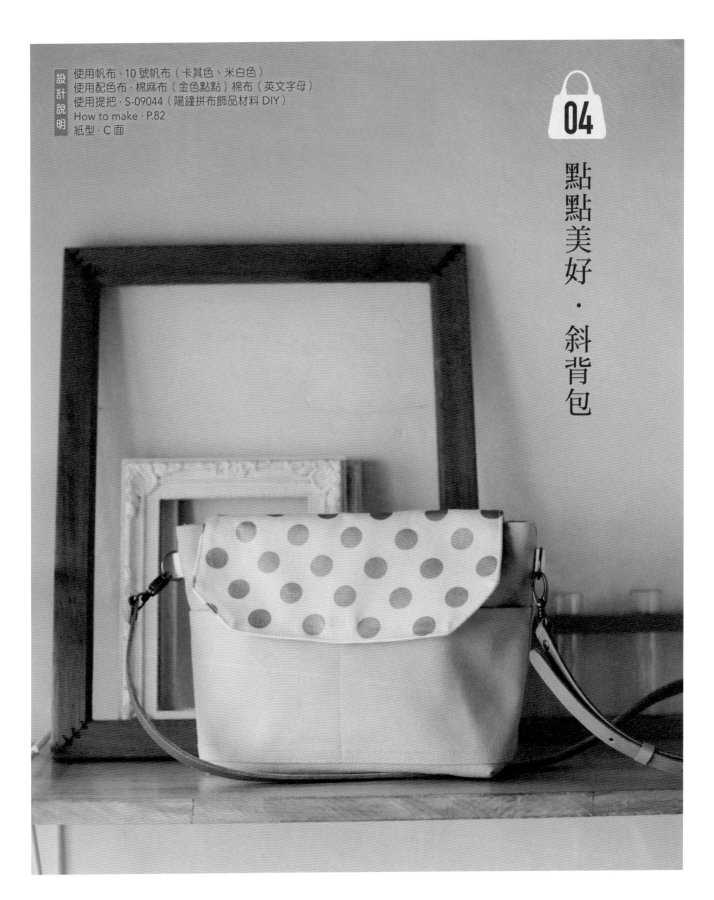

設計說明
使用帆布·10 號帆布（卡其色、米白色）
使用配色布·棉麻布（金色點點）棉布（英文字母）
使用提把·S-09044（陽鐘拼布飾品材料 DIY）
How to make·P.82
紙型·C 面

04

點點美好・斜背包

P.12
基本款　　　　延伸款

製作方法簡單易上手的斜背包，
是與 P.12 長包作法相同的實用包款。
因為袋口沒有拉鍊，所以加上袋蓋，
增加安全感及隱密性，
前口袋設計則可放置手機及悠遊卡。

袋內選用英文字樣棉布，
搭配一字拉鍊口袋，呈現時尚質感的裡袋。

05

夜空裡的小花·3WAY 包

設計說明
使用帆布·10 號帆布（卡其色、米白色）
使用配色布·棉麻布（花朵）
使用提把·S-09162、S-09110（陽鐘拼布飾品材料 DIY）
How to make · P.83 - P.87
紙型·A 面·B 面

Design note

可背可提的後背包，
側身加上外口袋易於放置物品，
袋口則作有袋蓋搭配黑色皮繩設計，
與後背帶成為一組適合外出
極具風格的質感包款。

後背設計的背帶，
與袋口縮口的皮繩選用同款黑色，
質感倍增。

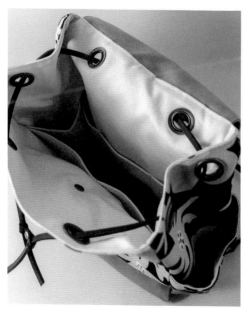

以隔間口袋作為袋內隔層設計，
兩側作有可放水瓶及雨傘的口袋。

06

夜空裡的小花‧肩背包

設計說明　使用帆布‧10 號帆布（黑色、米白色）
使用配色布‧棉麻布（花朵）
How to make‧P.88
紙型‧D 面

P.16
基本款

延伸款

→

尺寸較大，可手提，亦可肩背，
是與 P.16 袋身相同作法的簡約包款。
在側身作了磁釦設計，
若攜帶的物品較少時，
則可將包包縮小，使用上更多了彈性。

製包態度

依照收納需求決定
需要的袋型尺寸，
內部作有隔間口袋，
是實用性高的機能包款。

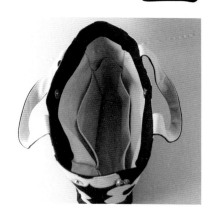

晨間筆記・手提包

設計說明
使用帆布・10 號帆布（霧粉色、灰色、米白色）
使用配色布・棉麻布（英文字母）
使用提把・S-09164（陽鐘拼布飾品材料 DIY）
How to make・P.89
紙型・D 面

P.18
基本款

延伸款

與 P.18 相同作法，
僅於表布拼接變化的溫柔系包款。
一直很喜歡粉、灰、白這三色的搭配，
但又覺素色帆布稍單調，
所以灰色部分選用點點布製作，
上面的英文字作有燙金效果，
包包也更加可愛。

製包態度

背面設計了一字拉鍊口袋，可放置隨身物品。

側身加上磁釦，包包可依需求變換樣式。
底布使用灰色帆布拼接，打造撞色視覺。

08 藏花的祕密・束口包

設計說明
使用帆布・11 號水洗帆布（牛仔藍色）
使用配色布・棉布（混色花朵）
使用提把・S-09070（陽鐘拼布飾品材料DIY）
How to make・P.90 - P.91
紙型・C面

Design note

以較為柔軟的 11 號水洗帆布，
製作基本款的束口包。
喜愛軟包的人，一定會愛上！
製作此款時，建議可不加襯，
成品會有不一樣的手感喔！

外袋是純色牛仔藍，裡袋則選用印花布，
在低調裡蘊藏著未知的喜歡。

兩側皮片勾上斜背帶，可手提也具有斜背功能，不僅休閒也很實用。

09 咖啡與花・束口包

設計說明
使用帆布・10 號帆布（摩卡色、米白色）
使用配色布・棉麻布（花朵）
使用提把・S-09147（陽鐘拼布飾品材料 DIY）
How to make・P.92 - P.94
紙型・D 面

Design note

這款束口包的袋身前後
皆設計了口袋,
可置放手機、鑰匙、交通卡,
束口設計使包包的隱密性更強,
具有實用性及可愛的造型。

包包的前後兩面都作有口袋設計,
可依個人需求變換使用。

束口的部分選用花布設計,使單純的素色帆布袋更具活潑感。

25

10

文
青
的
線
條
·
束
口
包

設計說明

使用帆布 · 10 號帆布（紅色、米白色）
使用配色布 · 棉麻布（條紋）
使用提把 · S-09080（陽鐘拼布飾品材料 DIY）
How to make · P.95
紙型 · D 面

P.24
基本款　　　　　延伸款

以 P.24 作品延伸的紅色系束口包，
口袋配置單純，
製作方法亦更加簡單，
是初學者在學習時容易上手的簡易包款。

製包態度

袋口的束口布設計較為大片，
以條紋搭配大紅色的表布，
打造搶眼的視覺感，
是帶著出門十分吸睛的時尚配件。

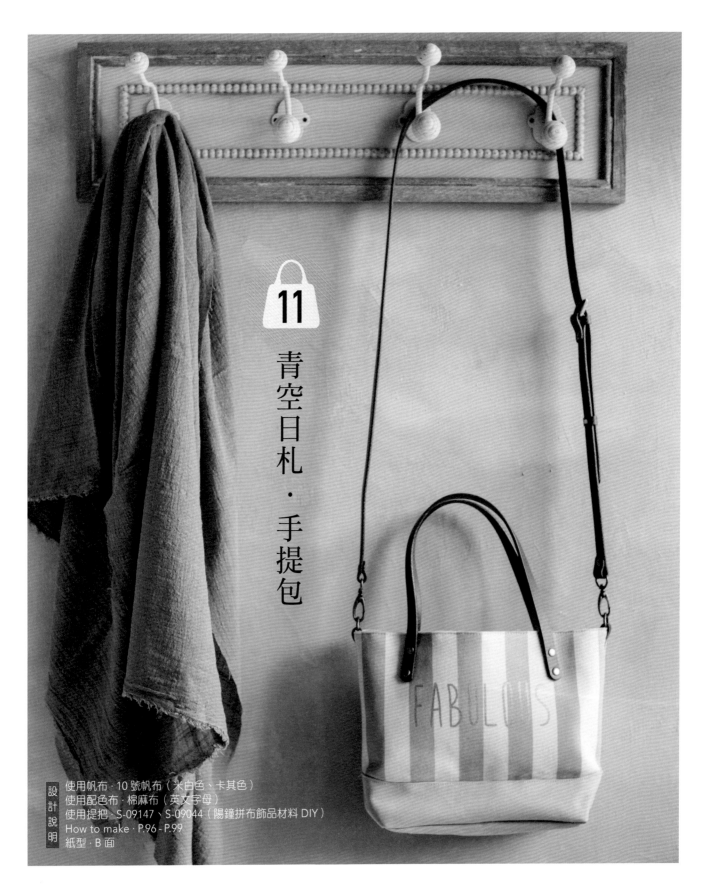

11

青空日札・手提包

設計說明
使用帆布・10 號帆布（米白色、卡其色）
使用配色布・棉麻布（英文字母）
使用提把・S-09147、S-09044（陽鐘拼布飾品材料 DIY）
How to make・P.96 - P.99
紙型・B 面

Design note

一直都很喜歡條紋跟點點的布，
使用清爽的藍色條紋圖案布，
搭配素雅的卡其色帆布，
作成小巧的包包，簡約又時尚。

內部作了拉鍊口袋設計，
可將物品整齊地收納，
搭配真皮提帶，
手提或肩背使用，都很合宜。

12

花漾女子・肩背包

設計說明

使用帆布・10 號帆布（霧粉色、灰色、米白色）
使用配色布・棉麻布（碎花）
使用提把・S-09106（陽鐘拼布飾品材料 DIY）
How to make・P.100
紙型・D 面

P.28
基本款

延伸款

與 P.28 手提包作法相同，
袋型不同的大尺寸肩背包。
選用柔和的小花圖案布製作，
搭配上粉紅色帆布，
創造氣質風格的柔美感。

袋底以灰色帆布拼接，使包包不易弄髒，
袋身搭配了雞眼釦設計，
可輕鬆地更換提把，隨心所欲。

設計說明
使用帆布·10 號帆布（霧粉色、咖啡色、米白色）
使用配色布·棉麻布（條紋）
使用提把·S-09110、S-09070（陽鐘拼布飾品材料 DIY）
How to make·P.101 - P.103
紙型·A 面

13

粉紅色的小日子·水桶包

Design note

很喜歡水桶包的袋型，
帶點輕鬆休閒感。
柔柔淡淡的霧粉色，
搭配條紋圖案的棉麻布，
多了些活潑氛圍，外出遊玩約會，
就是專屬粉紅色的小日子。

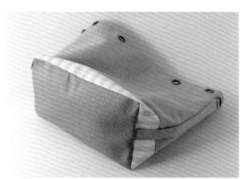

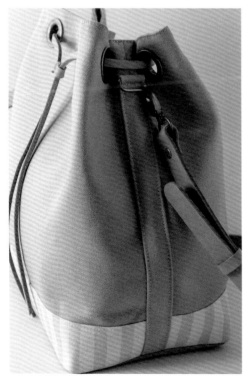

側身作了背帶襠布的拼接設計，
讓包包更有個性。
袋底選用咖啡色帆布製作，
使袋物不易弄髒。

14

仿舊的藍調時光・水桶包

設計說明
使用帆布・11 號水洗帆布（深藍色）、10 號帆布（米白色、灰色）
使用提把・S-09110、S-09126（陽鐘拼布飾品材料 DIY）
How to make・P.104
紙型・C 面

P.32
基本款

延伸款

- Design note -

選用 11 號水洗帆布
演繹水桶包的另一種感覺,
就完成了這款與 P.32 作品作法相同的
中性風水桶包。
這款水洗帆布具有較薄偏軟的質感,
擁有特別的紋路及厚度,
觸感也更加親膚,
是我日常不可或缺的愛用包。

製包態度

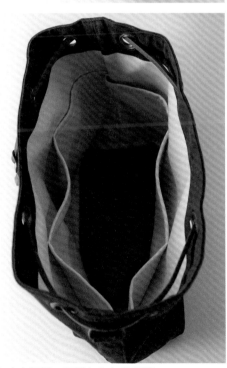

在表布燙襯,可增加包包的挺度,
裡袋皆使用米白色帆布,
袋底則使用灰色帆布,製造撞色感,
並採用可肩背可斜背的兩用背帶,帥氣又實用。

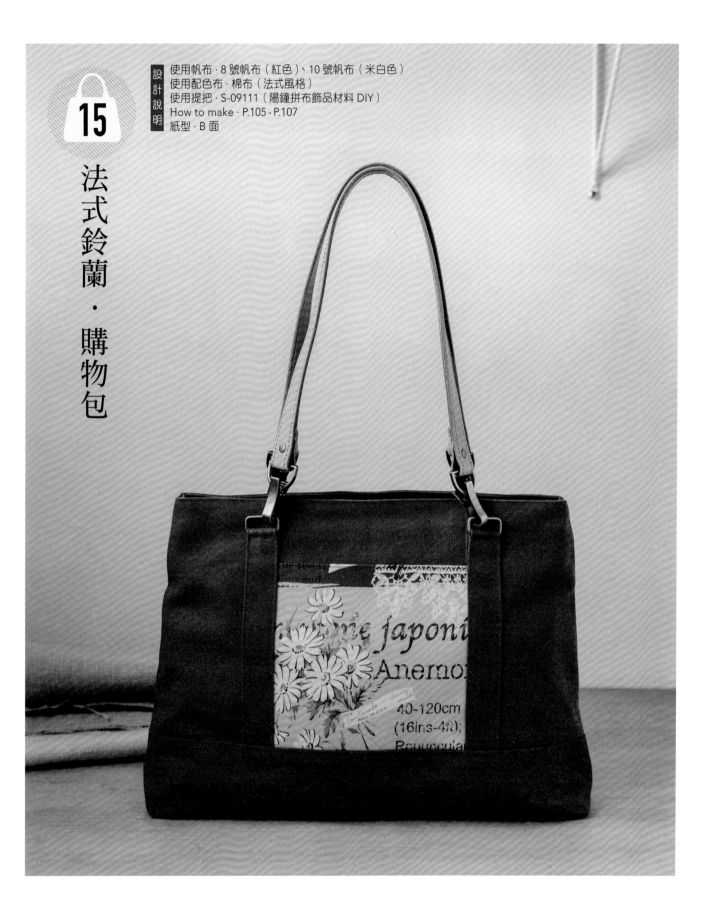

設計說明

使用帆布・8號帆布（紅色）、10號帆布（米白色）
使用配色布・棉布（法式風格）
使用提把・S-09111（陽鐘拼布飾品材料DIY）
How to make・P.105 - P.107
紙型・B面

15

法式鈴蘭・購物包

Design note

選用8號帆布製作大容量的包款，
由於布料的質感較為厚實，
不需加襯就具有自身挺度，
適合逛街購物，
也適合需要放置文件時，
作為工作包使用。

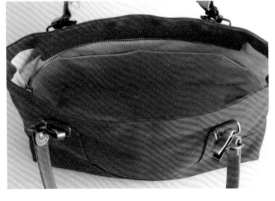

選用造型特別的提把，
依需求可任意更換。
運用口袋的圖案布裝飾，
讓紅色系大包多了沉穩的氣質。

簡單的白・後背包

設計說明

使用帆布・10 號帆布（米白色、霧藍色）
使用配色布・棉布（花束）
使用提把・S-09162（陽鐘拼布飾品材料 DIY）
How to make・P.108 - P.111
紙型・A 面・B 面

Design note

機能性高的後背包款，
表布及裡布皆使用 10 號帆布，
外口袋搭配清爽的藍色花束圖案布，
內有多種口袋設計，
非常適合攜帶外出踏青。

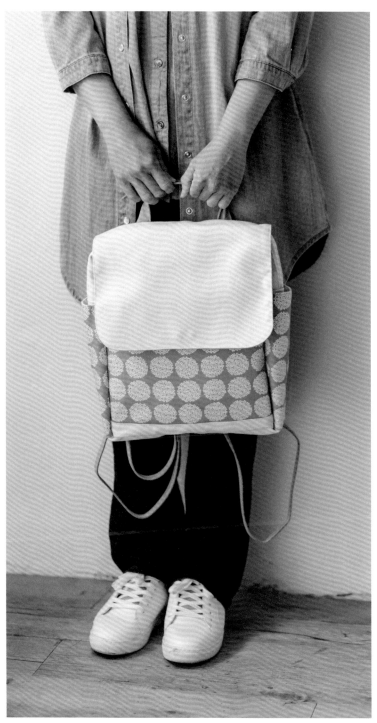

袋身兩側作了口袋設計，
可置放物品，
在袋蓋翻開可見的前口袋作了拉鍊設計，
可收納重要物品。

文青的黃・兩用包

17

設計說明
使用帆布・10 號帆布（米白色、芥黃色、卡其色）
使用提把・S-09066、S-09044（陽鐘拼布飾品材料 DIY）
How to make・P.112 - P.113
紙型・C 面

P.38
基本款

延伸款

延伸款

容量大的兩用包，
作法也較為複雜。
整體使用 10 號帆布製作，
表袋的提把設計作法
與 P.36 購物包相同，
袋身則是以 P.38 後背包作法延伸，
所以它算是一款混血兒包（笑）

Design 1

製包態度

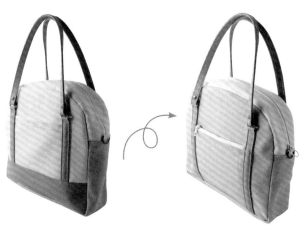

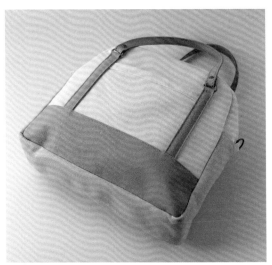

避免單色系的帆布包流於單調，也可搭配多色帆布，
在配色時大玩創意，製造有趣的撞色視覺設計。

18

花朵的綺想‧肩背包

設計說明

使用帆布‧10 號帆布（芥黃色、米白色）
使用配色布‧棉麻布（花朵）
使用提把‧S-0966（陽鐘拼布飾品材料 DIY）
How to make‧P.114 - P.117
紙型‧A 面

Design note

10 號帆布較薄且不厚重，
用來製作各種包款都非常適合。
此款是以公事包發想的袋物，
袋口處加上口布，
更添實用功能及隱密性。

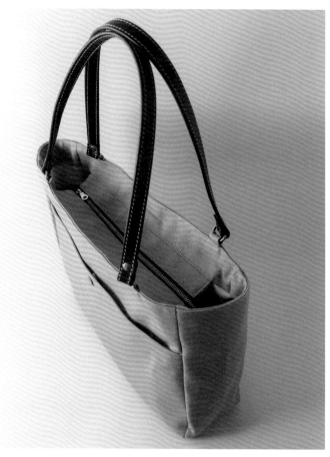

表袋的前後皆作有口袋設計，
可放置需經常拿取的物品。
內部亦作了多重口袋設計，
收納性強，是機能性很高的包包。

19

夾心聖代・肩背包

設計說明

使用帆布・10 號帆布（芥黃色、灰色、米白色）
使用配色布・棉布（條紋）
使用提把・S-09090（陽鐘拼布飾品材料 DIY）
How to make・P.118 - P.119
紙型・C 面

P.42
基本款

延伸款

這是以 P.42 大肩背包作法延伸的小巧肩背包，
表布選用 10 號帆布貼襯，
裡布則完全不加襯，
若想要同時擁有機能大肩包與小巧肩包，
可以採用相同作法，一次作出兩款喲！

內部具有多口袋的設計，可放置許多物品，
包包輕巧不厚重，兩側作有雞眼釦設計，
可輕鬆更換背帶。

緋紅時尚・隨身包

設計說明

使用帆布·10 號帆布（紅色、米白色）
使用配色布·棉麻布（條紋）
使用提把·S-09126（陽鐘拼布飾品材料 DIY）
How to make · P.120 - P.121
紙型·B 面

P.42
基本款

延伸款

Design note

我很喜歡製作造型可愛的斜背包，
這款作品是以 P.42 大肩背包作法延伸，
在袋蓋及口袋作變化的小包，
刻意選用紅色帆布製作，
讓包包更加搶眼有型。

製包態度

袋蓋翻開後，可見到微笑弧度的前口袋，
袋蓋釘上了皮釦設計，時尚感倍增。
包包的後方也作有拉鍊口袋。

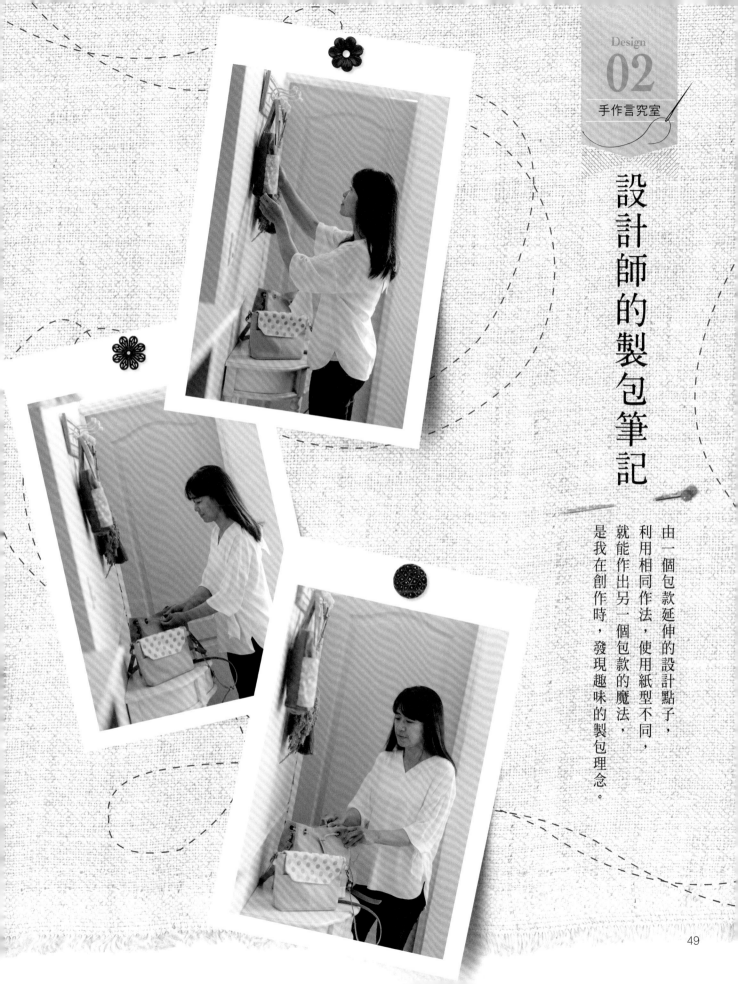

設計師的製包筆記

由一個包款延伸的設計點子，
利用相同作法，使用紙型不同，
就能作出另一個包款的魔法，
是我在創作時，發現趣味的製包理念。

改變尺寸&口袋配置

初學者適合製作的基本包款。
01 尺寸較小，只能手提，02 則可肩背，兩者皆採用素色帆布，
再利用花布在口袋處作變化，簡單的包款，也能打造獨特自我。

01
綠色香草
·手提包

02
黑色外套
·肩背包

改變袋型 & 配件組合

以袋蓋設計為重點的包款，**03** 的袋型較長，袋蓋使用皮釦設計。
04 的包型較寬，袋蓋是以磁釦設計，小細節就能營造不一樣的創意。

03
午后的和風藍
· 長包

04
點點美好
· 斜背包

製包筆記
3

運用拼接 & 選色創意

06 是採用 **05** 的袋身作法延伸而成的基本包款。**06** 在袋口及側身加上磁釦，可讓袋型更有彈性，**05** 則在側身加上外口袋，袋口加上袋蓋以釘上雞眼釦及皮繩，成為實用的 **3WAY** 包。**06** 與 **07** 的作法相同，只是在布片拼接及選色作了變化，即打造出截然不同的視覺美感。

05
夜空裡的小花
·3WAY 包

05

06

07

06

夜空裡的小花
・肩背包

07

晨間筆記
・手提包

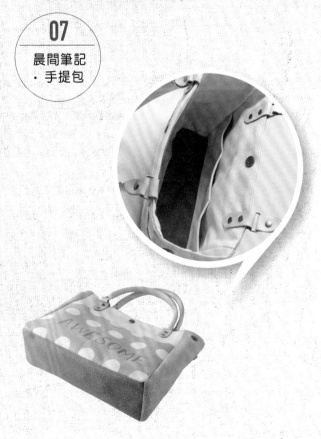

束口包也有自己的個性

束口包經常是初學者入門包的製作首選,書中有三個束口包提案,
08 是最基本的款式,09 與 10 的作法相同,但在口袋及提把接合處作了不同設計。
只要在細微處花點巧思,包包就能擁有全新面貌。

08
藏花的祕密
· 束口包

08

09

10

09

咖啡與花
· 束口包

10

文青的線條
· 束口包

隨心所欲的內口袋設計

我在這本書內的 P.64-P.69 介紹了七種口袋的作法,即使是相同包款,
只要改變口袋,就又是另一款全新的包,依照個人的需求及使用習慣,
隨心所欲地決定自己的專屬設計,製包時的設計思考,不妨就從口袋著手!

01 綠色香草 · 手提包

type 1
夾式口袋

02 黑色外套 · 肩背包

type 2
夾式
拉鍊口袋

12 花漾女子 · 肩背包

14 仿舊的藍調時光 · 水桶包

type 4
隔間口袋

type 3
夾車
拉鍊口袋

16 簡單的白 · 後背包

type 5
貼式口袋

6 晨間筆記 · 手提包

16 簡單的白 · 後背包

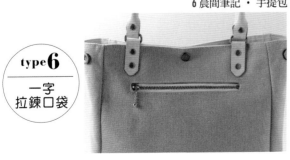

type 6
一字
拉鍊口袋

type 7
拉鍊口袋

以造型提把突顯包包特色

提把選擇具有多樣化，可以利用同款包包的布料製作，也可以選用喜好的皮件提把搭配使用，
這本書的包款裡，部分造型特別的提把，是我用心挑選的愛用款，
皮革提把與帆布包是非常契合的組合，休閒與質感兼備，就是我喜歡的設計風格。

type
1
車線造型提把

type
2
雙側皮帶造型提把
（黑色）

type
3
雙側皮帶造型提把
（原皮色）

type
4
釘釦式皮革提把

type
5
兩用提把
（可肩背亦可斜背）

type
6
夾釦式造型提把

■真皮提把提供／陽鐘拼布材料飾品 DIY

設計師的製包筆記

帆布包言究事

本書使用帆布介紹

8 號帆布

10 號染薄糊加工帆布

11 號水洗帆布

10 號染薄糊加工帆布：經染薄糊加工，布薄，偏挺，適合製作包包、杯墊、鉛筆盒等小物。有點挺度，不像 8 號帆布那麼硬，適合製作多種包款，本書的作品大多使用 10 號帆布。

8 號帆布：防潑水加工，硬挺，耐磨，耐髒，適合簡單的包款

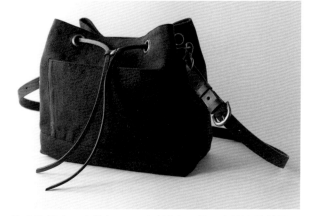

11 號水洗帆布：水洗加工，手感較為柔軟，有淡淡的紋路，帶點仿舊效果，水洗帆布的紋路具復古感，材質較軟，可另加襯，增加挺度。

關於配色布料

製作包包時,可選擇相同材質的帆布搭配,
或是選用棉麻布加襯使用,
若喜歡較挺的包款,亦可自行加上裡布。

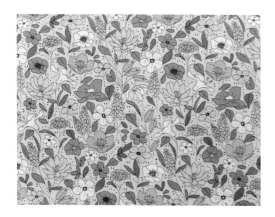

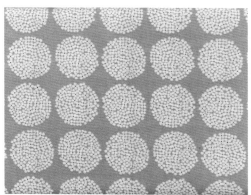

■布料提供／隆德貿易有限公司

基礎材料 & 工具

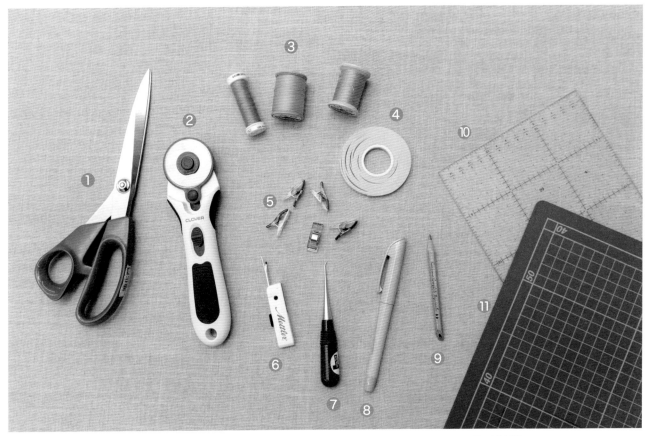

① 剪布用剪刀
② 切割刀
③ 車線
　（Mettler車線、Fujix帆布線、Fujix車線）

④ 水溶性膠帶
⑤ 強力夾
⑥ 拆線器
⑦ 目打

⑧ 水消筆
⑨ 墨西哥筆
⑩ 切割尺
⑪ 切割墊

⑫ 縫紉機BERNINA480

⑬ 厚布襯
本書使用的布襯皆為厚布襯。

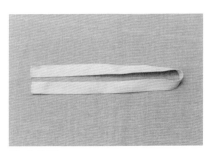

⑭ 人字帶

返口的縫法

■ 對針縫

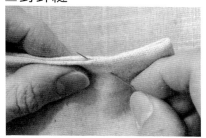

① 如圖出針，將線頭藏好。

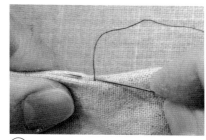

② 再至對面入針。

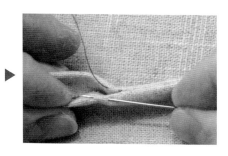

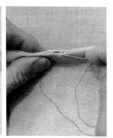

③ 重覆此步驟。

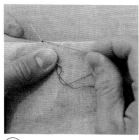

④ 完成後，打結藏入線頭即完成返口縫合。本書作品皆以此針法縫合返口。

雞眼釦的安裝方法

① 準備雞眼工具（左：21mm，右：28mm），可依個人喜好及包包大小決定使用的尺寸。

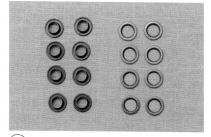

② 準備雞眼釦 8 組（一正一反）

③ 取打孔器於紙型記號處敲出雞眼洞。

④ 安裝雞眼釦。

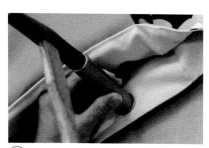

⑤ 翻至背面，以雞眼工具敲打即完成。

基本紙型製作&描畫方法

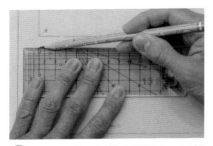

① 將厚版描圖紙放在紙型上，以鉛筆及尺將紙型描下。

② 如圖完成紙型。

③ 將紙型放在布襯上(沒有膠的那片)，沿著紙型邊緣描繪。

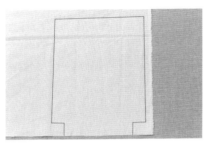

④ 完成圖。

⑤ 將畫好的布襯剪下。

⑥ 將布襯有膠的那面燙在布的背面。

⑦ 周圍加上縫份1cm後，將布剪下或以裁刀裁下。

⑧ 完成描畫紙型及裁布，建議可依個人需求決定是否燙襯，以增加布料的厚度。

■紙型摺雙的畫法

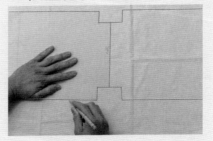

① 先畫好一邊的紙型，再依圖示畫另一邊。

摺雙線：製作紙型時，以相同尺寸及同等比例描繪另一半紙型成為一片。

磁釦的安裝方法

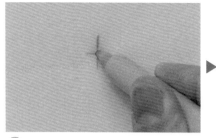

① 先在布上標示磁釦位置。

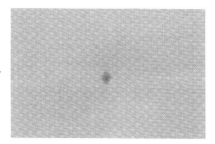

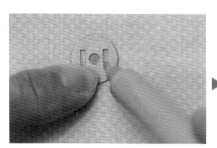

②-1 取磁釦一組,依圖示畫上記號。

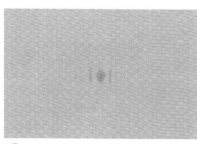

②-2

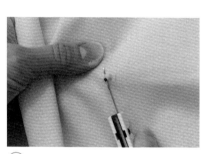

②-3

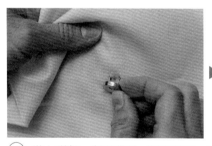

③ 以拆線器將記號割開。

④ 裝上磁釦,翻至背面。若布較薄,可加上一塊布加強。

⑤ 裝上鐵片後,再往兩側加壓,即完成。

口袋
製作方法

一字拉鍊口袋

夾車拉鍊口袋

拉鍊口袋

貼式口袋

夾式拉鍊口袋

夾式口袋

隔間口袋

一字拉鍊口袋

① 在布上畫上拉鍊記號。

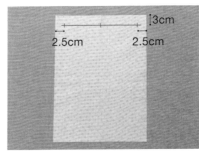

② 取拉鍊裡口袋布1片,並畫上記號。(布長為口袋深度的2倍加上縫份)

3-1 如圖將兩片布以珠針固定,車縫一圈,並於兩側畫上Y字記號。

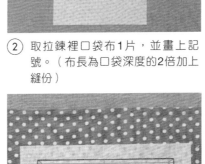

3-2

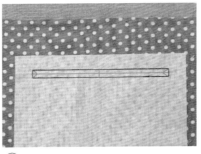

4-1 將記號線剪開。

4-2

5-1 將布塞入。

64

⑤-2 從背面拉出。

⑥ 整燙後，翻至正面。

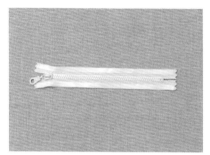

⑦ 在拉鍊正面貼上水溶性膠帶

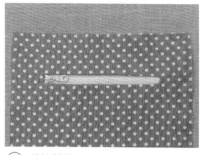

⑧-1 將拉鍊放在口袋布下，撕下水溶性
膠帶固定後，車縫一圈。

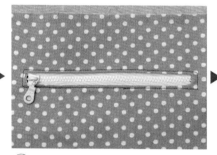

⑧-2

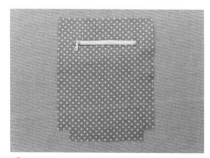

⑧-3

⑨-1 翻至背面，將布向上對摺，車縫ㄇ
型，即完成口袋。

⑨-2

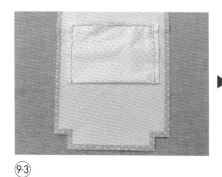

⑨-3

⑨-4

夾車拉鍊口袋

① 如圖準備拉鍊 1 條、表布 2 片、裡布 2 片（布寬為拉鍊長度左右各加上 1.5cm）

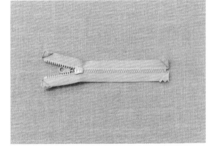

② 將拉鍊背面以水溶性膠帶貼好。

③ 步驟②完成後，正面及背面再貼上水溶性膠帶。

④ 撕下水溶性膠帶，將拉鍊與表布正面相對黏合，再放上裡布後，進行車縫。

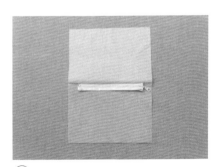

⑤ 翻至正面的樣子。

⑥-1 另一側作法相同。

⑥-2

⑥-3

⑦-1 進行壓線，即完成口袋。

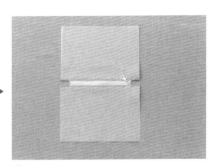

⑦-2

拉鍊口袋

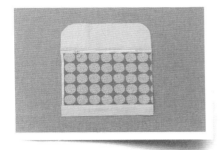

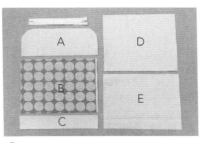

① 依紙型裁剪布料，準備拉鍊1條。

② 裁拉鍊頭尾布 4 片。

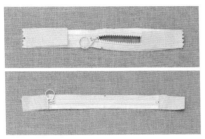

③ 以拉鍊頭尾布夾車拉鍊，並於正面壓線。

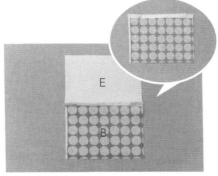

④ 取B、E夾車拉鍊並於正面壓線。

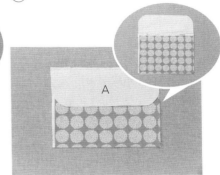

⑤ 再取A、D夾車另一側，完成後於正面壓線。

貼式口袋

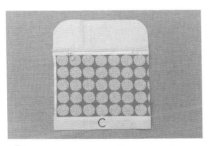

⑥ 將表布C與步驟⑤車縫接合後壓線，即完成口袋。

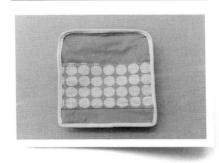

① 裁剪口袋表布、裡布各1片。

② 將口袋表布、裡布正面相對，車縫上、下側，翻至正面後，進行壓線。

③ 將口袋固定於其中一片裡布上即完成。

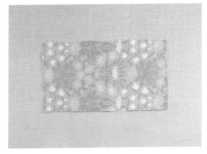

① 裁剪裡口袋 1 片。

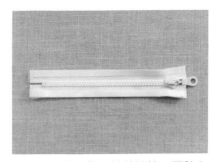

② 取拉鍊 1 條，並於拉鍊正面貼上水溶性膠帶。

③ 將拉鍊與裡口袋布上端正面相對黏合後，車縫固定，翻至正面壓線。

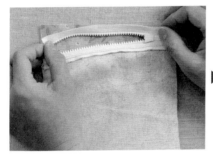

④-1 另一側以相同方法車縫。

④-2

⑤-1 裁剪滾邊布2條。將左右兩側以P.73步驟⑨包邊方式處理，即完成口袋。

⑤-2

⑤-3

夾式口袋

① 裁剪口袋布1片。

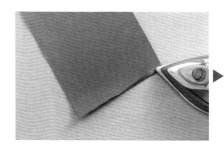

②-1 一側先摺燙 1cm 2 次後,車縫壓線。

②-2

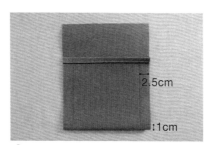

2.5cm

:1cm

③ 依個人所需的口袋高度,將布往上摺後,依圖示畫上記號線。

④ 依記號線將布剪掉。

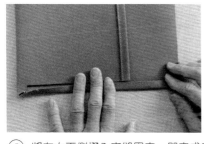

⑤ 將左右兩側摺入車縫固定,即完成口袋。

隔間口袋

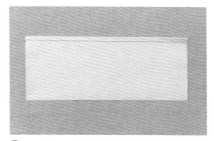

① 在口袋布上方摺燙1cm 2次,完成車縫後,放置於裡布上。

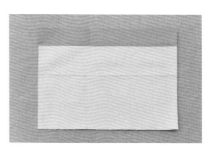

② 兩側疏縫固定後,依個人需求車縫口袋間隔,即完成口袋。

How to make

製包小教室

本書作品紙型皆為原寸，
請外加縫份1cm。

作法內的裁布尺寸
皆已含縫份1cm。

車縫帆布可以使用
萬用壓布腳車直線，
若想強調車縫壓線的質感，
可選用帆布線製作。

清潔帆布時，
可使用牙刷沾取中性清潔劑刷洗，
不可丟入洗衣機清洗，以免變形。
收納時請使用防潮用品，
可使用夾鏈袋密封，避免發霉。

帆布的正反面皆可使用，
這是製作帆布包的便利性，
也是製作樂趣喔！

帆布若有虛邊情形，
只需將虛邊剪掉即可製作。

■本書部分作品採示範教學，未示範作品請參考文字說
明，並搭配相同作法的作品圖解流程製作。包包的口袋
設計，可依個人喜好決定更換樣式，各式口袋製作方法
請參見P.64至P.69。

製作時請參考挑戰指數分級，會更得心應手喔！

挑戰指數 ★☆☆適合初學者製作
挑戰指數 ★★☆適合有縫紉基礎學習者製作
挑戰指數 ★★★適合進階程度者製作

■基礎製作技巧請參見P.61至P.69。

01 綠色香草・手提包

挑戰指數 ★☆☆適合初學者製作

用 布 量：	表布（軍綠色帆布）1.5尺、口袋布（花草布）1.5尺
材　　料：	強磁撞釘1組、提把1組、13cm拉鍊1條
紙型說明：	原寸，縫份請外加1cm
裁布說明：	作法裁布尺寸已含縫份1cm

使用帆布・8號帆布（軍綠色）／作品頁數・P.8／紙型・B面

How to make

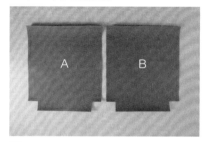

① 依紙型裁剪袋身表布 2 片。

② 裁剪前口袋布30cm×18cm，前口袋表布、前口袋裡布各1片。前口袋表布需燙襯，前口袋裡布不需燙襯。

③-1 前口袋表布及前口袋裡布正面相對，上下車縫，將縫份燙開後，翻至正面，於車縫處上方壓線。

③-2

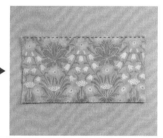

③-3

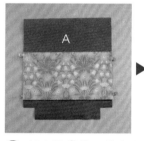

④ 將步驟③放至袋身表布 A 口袋對齊位置上，兩側疏縫固定，下方亦車縫固定，並依個人需求車縫口袋間隔。

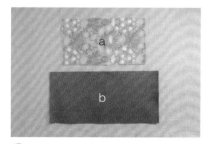

⑤ 裁剪裡口袋 2 片。
　 a：15.5cm×31cm1 片
　 b：18cm×40cm1 片

⑥ 取 13cm 拉鍊 1 條，並於拉鍊正面貼上水溶性膠帶 。

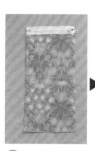

⑦-1 拉鍊與裡口袋布 a 上端正面相對黏合後，車縫固定，翻至正面壓線。

7-2

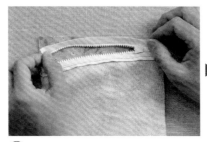

⑧ 另一側以相同方法車縫。

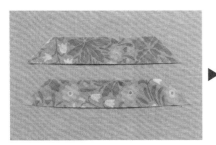

9-1 裁剪滾邊布2條：4cm×18cm。

9-2 取一條滾邊條，如圖與拉鍊口袋正面車縫。另一側作法相同。

9-3 翻至背面，將滾邊條上、下端布摺入，再將滾邊條摺兩褶後，車縫固定。即完成裡口袋a。

⑩ 取另一片裡口袋布 b，一側先摺燙 1cm 2 次後，車縫壓線。

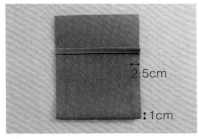

2.5cm

1cm

⑪ 依個人所需的口袋高度，將布往上摺後，依圖示畫上記號線。

⑫ 依記號線將布剪掉。

13-1 如圖將左右兩側摺入車縫固定。

⑬-2

⑬-3　裡口袋b即完成。

⑭　袋身表布A・B 正面相對車縫兩側
　　及底部。

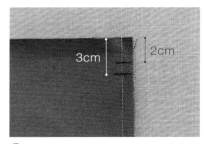

⑮　如圖於兩側2cm與3cm處作記
　　號。

⑯　請於2cm處剪牙口。

⑰　裁剪人字帶 28cm2 條，袋身表
　　布兩側以人字帶滾邊至 2cm 處即
　　可。裁剪人字帶 28cm 1 條，將
　　底部也完成滾邊。

⑱　車縫截角，裁剪人字帶 12cm2 條，完成滾邊。

⑲-1　縫份燙開，將步驟⑨、步驟⑬裡
　　　袋兩邊口袋放入。如圖上方摺燙
　　　1cm 2次，以強力夾固定後，車縫
　　　一圈，翻至正面整燙。

⑲-2

⑲-3

⑲-4

⑲-6

⑳-1 準備強磁撞釘及鉚釘工具。

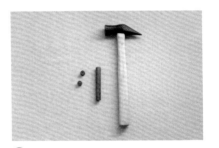

⑳-2

㉑ 以打孔器於袋身作強磁撞釘記號。

㉒-1 裝上強磁撞釘，再以工具敲打固定。

㉒-2

㉒-3

㉓-1 與步驟㉑至㉒作法相同，釘上提把即完成。

㉓-2

㉓-3

㉓-4

㉓-5

02 黑色外套・肩背包

挑戰指數 ★☆☆適合初學者製作

用 布 量：表布（黑色帆布）2尺、口袋布（條紋布）1.5尺
材　　料：強磁撞釘1組、提把1組、15cm拉鍊1條
紙型說明：原寸，縫份請外加1cm
裁布說明：作法裁布尺寸已含縫份1cm，本作品裁布皆不需燙襯。

使用帆布・8號帆布（黑色）／作品頁數・P.10／紙型・D面

作法提示

製作流程請參考

01 綠色香草手提包。

02 黑色外套肩背包
僅於前口袋設計與包包尺寸不同。

★作法示範布料顏色可能與實際作品不同。

How to make

1 依紙型裁剪袋身表布 2 片。

2 裁剪前口袋布20cm×42cm
　　1片。

▼

▼

3 前口袋上、下方皆摺燙 1cm
　　2 次後，車縫。

4 將步驟**3**完成的口袋放至其
　　中一片袋身表布，兩側疏縫
　　固定，下方車縫固定，並依
　　個人需求車縫口袋間隔。

POINT

前口袋間隔

步驟1至步驟4作法提示
可依個人需求車縫前口袋間隔。

夾式
拉鍊口袋

BOX
NOTE.1

步驟 **5** 至步驟 **7** 作法提示
P.68 基本技法 - 夾式拉鍊口袋

BOX
NOTE.2

步驟 **8** 作法提示
P.69 基本技法 - 夾式口袋

夾式口袋

5 裁剪裡口袋（a：18cm×40cm1
片，b：26.5cm×40cm1 片）

6 取 15cm 拉鍊 1 條，並於拉鍊正面
貼上水溶性膠帶。拉鍊與裡口袋布
a 正面相對黏合後車縫固定，翻至
正面壓線。另一側以相同方法車
縫。**作法請參考 P.72 綠色香草手
提包步驟 ⑦ 至步驟 ⑨。**

7 裁滾邊布 4cm×23cm2 條，將口
袋 a 左右兩側以 P.73 步驟 ⑨ 包邊
方式處理。

8 取另一片裡口袋布 b，一側先摺燙
1cm 2 次後，車縫壓線。依個人所
需的口袋高度，將布往上摺後，依
圖示畫上記號線，再依記號線將布
剪掉，將口袋 b 左右兩側摺入後，
車縫固定。**作法請參考 P.72 綠色香
草手提包步驟 ⑩ 至步驟 ⑬。**

9 袋身表布 2 片正面相對車縫兩側及
底部。兩側 3cm 與 4cm 處作記號，
於 3cm 處剪牙口。**作法請參考 P.72
綠色香草手提包步驟 ⑭ 至步驟 ⑯。**

10 裁剪人字帶 31cm2 條，袋身兩側以
人字帶滾邊至 3cm 處即可。裁剪人
字帶 33cm1 條，將底部完成滾邊。
車縫截角，裁剪人字帶 14cm2 條，
完成滾邊。**作法請參考 P.72 綠色香
草手提包步驟 ⑰ 至步驟 ⑱。**

11 兩側縫份燙開，並將裡袋兩邊口袋
a、b 放入後，上方摺燙 1cm 後再對
齊記號 4cm 處，以強力夾固定車
縫一圈，翻至正面整燙，**作法請參
考 P.72 綠色香草手提包步驟 ⑲。**

12 將袋身安裝上強磁撞釘，釘上提把
即完成，**作法請參考 P.72 綠色香草
手提包步驟 ⑳ 至步驟 ㉓。**

03 午后的和風藍・長包

挑戰指數 ★★☆適合有縫紉基礎程度者製作

用 布 量：表布（霧藍色帆布）1尺、裡布（米白色帆布）1尺
　　　　 袋蓋布＋後口袋布（和風花草布）1尺
材 　 料：斜背帶1組、皮釦1組、 D型環（2cm）2個、強磁撞釘1組、12.5cm拉鍊1條
紙型說明：原寸，縫份請外加1cm／裁布說明：作法裁布尺寸已含縫份1cm

使用帆布・10號帆布（霧藍色、米白色）／作品頁數・P.12／紙型・C面

How to make

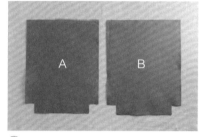

① 依紙型裁剪袋身表布 2 片 A、B，袋身表布燙襯。

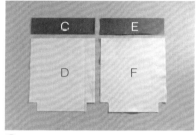

② 依紙型裁剪袋身裡布C・D・E・F。

③ 裁剪表後口袋表布、表後口袋裡布 24cm×17cm 各 1 片。表後口袋表布燙襯，表後口袋裡布不需燙襯。

④ 裁剪裡口袋布 c24cm×17cm1 片。

⑤ 依紙型裁剪袋蓋表布、袋蓋裡布各 1 片。袋蓋表布燙襯，袋蓋裡布不需燙襯。

⑥-1 將步驟③表後口袋表布及表後口袋裡布正面相對，上下側車縫後，從側邊翻出，並於車縫處上方壓線。

⑥-2

⑦ 袋蓋表布及袋蓋裡布正面相對，車縫一圈後，翻至正面（上方不車縫），車縫處壓線。

⑧ 將步驟⑥放在袋身表布B上，左右疏縫固定，下方車縫固定。
小提醒：可在此步驟完成時先於袋身表布B及表後口袋釘上撞釘，撞釘位置請參考步驟㉘。

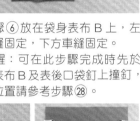

⑩ 將步驟⑨套入D型環（2cm）後，疏縫固定於袋身表布A。小提醒：可在此步驟完成時先依紙型標示位置釘上皮釦。

⑫-2

⑨ 裁掛耳布4cm×5cm2片，於4cm處左右各往內燙1cm後，兩側壓線。

⑪ 將步驟⑧與步驟⑩袋身表布A‧B正面相對，車縫兩側及底部。

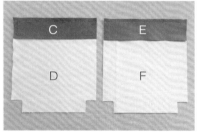
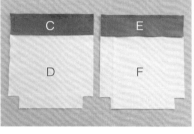

⑬ 將袋身裡布C‧D、E‧F車縫接合，於接合處車縫裝飾線。

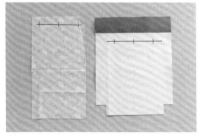

⑭ 取12.5cm拉鍊1條，裁剪拉鍊口袋布30cm×17cm1片，依圖示在口袋布及其中一片裡布畫上記號，並將口袋布以珠針固定於裡布上。

⑫-1 車縫截角後，翻至正面。完成表袋身。

⑮ 依記號線車縫一圈。

⑯-1 如圖將車縫處剪開。

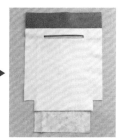

⑯-2

⑰ 將口袋布翻出並整燙。

⑱ 拉鍊正面朝上，放至步驟⑰車縫一圈固定。

⑲ 翻至背面，將口袋布車縫完成。

⑳ 取裡口袋 c，上下側皆摺燙 1cm2 次後，壓線。

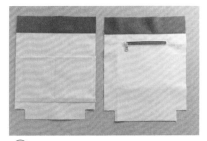

返口

㉑ 將步驟⑳放至步驟⑬另一片袋身裡布上，左右疏縫固定，下方車縫固定，依個人需求車縫口袋間隔。

㉒ 2 片袋身裡布完成的樣子。

㉓-1 將 2 片袋身裡布正面相對，車縫兩側及底部（需留返口）並車縫截角。

㉓-2 完成裡袋身。

㉔-1 將步驟 ⑦ 袋蓋疏縫於步驟 ⑫ 表袋身後方,再將表袋身套入步驟 ㉓ 裡袋身,上方車縫一圈。

㉔-2

㉔-3

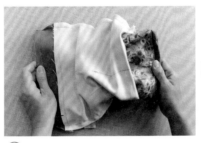

㉕-1 將表袋身翻出整燙,縫合底部返口,並於袋口壓縫一圈裝飾線。

㉕-2

㉕-3

㉖ 袋身完成的樣子。

㉗-1 在袋蓋、表前袋身釘上皮釦。
小提醒:釘皮釦時,需將裡袋拉出,以免釘到裡袋。也可於步驟 ⑫ 完成時先釘上皮釦。

㉗-2

㉘ 在表後袋身釘上強磁撞釘。
小提醒:釘撞釘時,需將裡袋拉出,以免釘到裡袋。也可於步驟 ⑧ 完成時先釘上

㉙ 勾上背帶,作品即完成。

04 點點美好・斜背包

挑戰指數 ★★☆適合有縫紉基礎程度者製作

用 布 量：	表布（卡其色帆布）2尺、裡布（英文字母布）1.5尺 袋蓋布（金色點點布）1尺、（米白色帆布）1尺
材 料：	D型環（2cm）2個、18cm拉鍊1條、磁釦1組、斜背帶一付
紙型說明：	原寸，縫份請外加1cm／裁布說明：作法裁布尺寸已含縫份1cm

使用帆布・10號帆布（卡其色、米白色）／作品頁數・P.14／紙型・C面

How to make

作法提示

製作流程請參考

03 午后的和風藍長包。
04 點點美好斜背包

僅於口袋配置方式與包包尺寸不同。

1 依紙型裁剪袋身表布1片（需燙襯），作法請參考 P.78 午后的和風藍長包步驟①，但本款作品袋身表布只裁剪一片。

2 依紙型裁剪袋身裡布1片、袋身裡貼邊2片、袋蓋表布、袋蓋裡布各1片。

POINT
一字拉鍊口袋

3 裁剪前口袋布 15cm×33cm1 片，上下皆摺燙 1cm2 次後，車縫壓線。作法請參考 P.78 午后的和風藍長包步驟⑳。

4 將完成之步驟 **3** 放在袋身表布上，左右疏縫固定後，中間及下方車縫口袋固定線。

POINT
前口袋

5 裁剪掛耳布 4cm×5cm2 片，4cm 處左右各往內燙 1cm 後，於兩側壓線。作法請參考 P.78 午后的和風藍長包步驟⑨。

6 將步驟 **5** 套入 D 型環後，疏縫固定於步驟 **4** 袋身表布上。作法請參考 P.78 午后的和風藍長包步驟⑩。

7 步驟 **6** 袋身表布正面相對車縫兩側及截角後，翻至正面，於口袋上方中心處釘上磁釦。完成表袋身。作法請參考 P.78 午后的和風藍長包步驟⑪。

8 將步驟 **2** 袋身裡布與袋身裡貼邊車縫接合，於接合處縫壓裝飾線。作法請參考 P.78 午后的和風藍長包步驟⑬。

9 製作裡布拉鍊口袋，取 18cm 拉鍊 1 條，裁剪拉鍊口袋布 22cm×26cm1 片。 一字拉鍊口袋作法請參考 P.64 至 P.65。

10 將步驟 **9** 袋身裡布正面相對，車縫兩側及截角，一側請留返口。完成裡袋身。作法請參考 P.78 午后的和風藍長包步驟㉓。

11 取步驟 **2** 袋蓋表布及袋蓋裡布正面相對，車縫一圈（上方不車縫）翻至正面後壓線，並於袋蓋裡布釘上磁釦，完成袋蓋。作法請參考 P.78 午后的和風藍長包步驟⑦。

12 將步驟 **11** 袋蓋疏縫於步驟 **7** 表袋身後方，再將表袋身套入步驟 **10** 裡袋身，於上方車縫一圈。作法請參考 P.78 午后的和風藍長包步驟㉔。

13 將表袋身從返口翻出整燙，縫合返口，並於袋口壓縫一圈裝飾線。作法請參考 P.78 午后的和風藍長包步驟㉕。

14 勾上背帶，即完成作品。

05 夜空裡的小花・3WAY 包

挑戰指數 ★★★適合進階程度者製作

用 布 量：表布（花朵布）2尺、表布（卡其色帆布）1.5尺、裡布（米白色帆布）3尺
材　　料：強磁撞釘1組、後背帶1付、皮繩1組、雞眼釦8組、
　　　　　三角D環（3cm）2個、D型環（2cm）1個
紙型說明：原寸，縫份請外加1cm／裁布說明：作法裁布尺寸已含縫份1cm

使用帆布・10號帆布（卡其色、米白色）／作品頁數・P.16／紙型・A面・B面

How to make

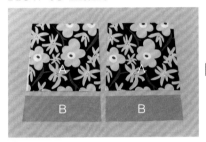

① -1 依紙型裁剪袋身表布A・B各2片。

① -2 袋身表布皆需燙襯。

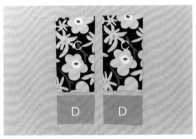

② 依紙型裁剪側身表布C・D各2片。側身表布皆需燙襯。

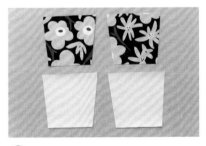

③ 依紙型裁剪表側身口袋表布、表側身口袋裡布各2片。表側身口袋表布燙襯，表側身口袋裡布不需燙襯。

④ 依紙型裁剪表底布1片（需燙襯）。

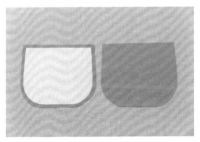

⑤ 依紙型裁剪袋蓋表布、袋蓋裡布各1片（袋蓋表布燙襯，袋蓋裡布不需燙襯）

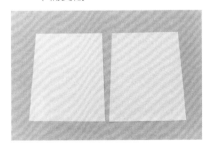

⑥ 依紙型裁剪袋身裡布2片。

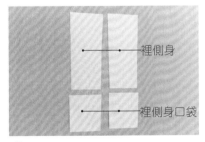

⑦ 依紙型裁剪裡側身及裡側身口袋各2片。

⟵ 裡側身
⟵ 裡側身口袋

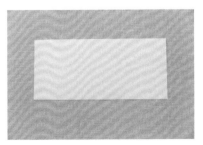

⑧ 依紙型裁剪裡底布1片。

⑨ 依紙型裁剪裡口袋 2 片。

⑩ 將袋身表布 A・B 車縫接合，接合處壓線，共完成 2 片。

⑪-1 表側身口袋表布及表側身口袋裡布正面相對，車縫上方，翻至正面接合處壓線，完成 2 組

⑪-2

側身表布 C

側身表布 D

⑫ 將步驟⑪疏縫於側身表布C後，再與側身表布D接合，接合處壓線，完成2組。

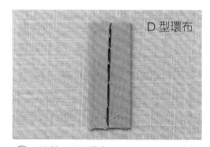

D 型環布

背帶布

⑬ 裁剪 D 型環布 4cm×6cm1 片，裁剪背帶布 5cm×6cm2 片，皆左右向內摺燙 1cm 後，車縫兩側。

⑭ 如圖完成 3 片。套入金具配件備用。

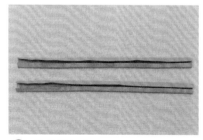

⑮ 裁剪提把布 4.5cm×36cm2 片，向內摺燙 1cm 後，2 片背面相對車縫兩側。

16 取步驟⑤袋蓋表布、袋蓋裡布正面相對，車縫一圈（上方不車縫），完成後，翻至正面壓線。

17 將步驟⑩袋身表布前片及袋身表布後片與步驟④底布車縫接合。

18 如圖將步驟⑭配件及步驟⑮提把固定於步驟⑰袋身表布後片。

19 放上步驟⑯袋蓋，上方進行疏縫。

20-1 接合步驟⑫側身布（點到點）。

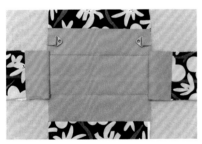

20-2

21 如圖於表布上剪牙口。

22-1 完成表袋身。

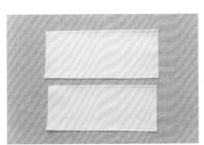

22-2

23 步驟⑨裡口袋上、下摺燙 1cm 2 次後壓線，放置於步驟⑥袋身裡布上，左右疏縫固定，中間及下方車縫固定。共完成 2 片。

㉔ 步驟⑦裡側身口袋上、下摺燙 1cm 2 次後壓線,將兩側口袋各自左右疏縫於裡側身布,下方車縫固定。

裡側身
裡側身
口袋

㉕-1 請以組合表袋身相同作法完成裡袋身。一側請留返口。

㉕-2

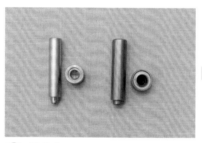

㉖ 將步驟㉒表袋身套入步驟㉕裡袋身,上方車縫一圈,從返口翻至正面。

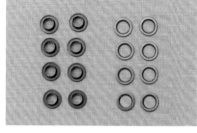

㉗ 將步驟㉖返口縫合,袋口整燙壓線。

㉘ 準備雞眼工具及 28mm 雞眼釦 8 組。

㉙ 依紙型畫好雞眼位置,以打孔器先敲出雞眼洞。

㉚-1 如圖裝上雞眼釦。

㉚-2

30-3

③① 穿上皮繩及扣上後背帶。

③② 在袋蓋上敲上強磁撞釘，即完成
作品。

夜空裡的小花·肩背包

挑戰指數 ★★☆適合有縫紉基礎程度者製作

用 布 量：表布（花朵布）1尺、表布（黑色帆布）1尺、裡布（米白色帆布）2尺
材 　料：磁釦3組
紙型說明：原寸，縫份請外加1cm
裁布說明：作法裁布尺寸已含縫份1cm

使用帆布·10號帆布（黑色、米白色）／作品頁數·P.18／紙型·D面

How to make

作法提示

袋身製作流程請參考
05 夜空裡的小花·3WAY 包。
06 夜空裡的小花肩背包
袋口及側身作有磁釦設計。

1 依紙型裁剪袋身表布 A·B 各 2 片。袋身表布需燙襯。

2 依紙型裁剪表側身布 C·D 各 2 片，表底布 1 片，表側身布及表底布皆需燙襯。

3 依紙型裁剪袋身裡布 a·b 各 2 片，裡側貼邊、裡側身各 2 片，裡底布 1 片。

4 依紙型裁剪裡口袋 2 片、裡側身口袋 2 片。

5 將步驟 1 袋身表布 A·B 車縫接合，接合處壓線，共完成 2 片。**作法請參考 P.83 夜空裡的小花 3WAY 包步驟⑩。**

6 將步驟 2 表側身布 C·D 車縫接合，接合處壓線，共完成 2 片，並依紙型上記號裝上磁釦。**作法請參考 P.83 夜空裡的小花 3 WAY 包步驟⑫，但本款作品無側身口袋設計。**

7 車縫步驟 3 袋身裡布 a·b，裡側貼邊、裡側身並於接合處壓線，各自完成 2 片。

POINT

隔間口袋

8 將步驟 4 裡口袋上、下方摺燙 1cm2 次壓線後固定於步驟 7，裡側邊口袋作法相同。**參考 P.78 午后的和風藍長包、步驟⑳、步驟㉑。**

9 裁剪提把布 5cm×40cm4 片，左右向內摺燙 1cm 後，2 片背面相對，車縫兩側，共完成 2 條。**提把作法請參考 P.90 藏花的祕密束口包步驟⑥。**

10 將步驟 9 車縫完成的提把疏縫於步驟 5。

11 接合步驟 2 表底布及表側身布。**作法請參考 P.83 夜空裡的小花 3WAY 包步驟⑰、步驟⑳、步驟㉑、步驟㉒，即完成表袋身。**

12 以步驟 11 相同作法完成裡袋身。

13 將步驟 12 裡袋身套入步驟 11 表袋身（背面相對），縫份向下摺入 1cm，於袋口車縫一圈並壓線，即完成作品。**袋身完成作法請參考 P.102 粉紅色的小日子水桶包步驟㉑。**

POINT

磁釦設計
可依喜好變換袋型。

07 晨間筆記・手提包

挑戰指數 ★★★適合進階程度者製作

用 布 量：	表布（霧粉色帆布）1尺、裡布（米白色帆布）1.5尺 底布（灰色帆布）1尺、口袋（英文字母布）1尺
材 料：	磁釦2組、強磁撞釘1組、提把1付、18cm拉鍊1條
紙型說明：	原寸，縫份請外加1cm／裁布說明：作法裁布尺寸已含縫份1cm

使用帆布・10號帆布（霧粉色、灰色、米白色）／作品頁數・P.20／紙型・D面

作法提示

袋身製作流程請參考

05 夜空裡的小花・3WAY 包。

07 晨間筆記手提包
側身作有磁釦，袋身背面
則為一字拉鍊設計。

BOX
NOTE.1

步驟6作法提示
P.64 至 P.65
基本技法 - 一字拉鍊口袋

POINT

磁釦

BOX
NOTE.2

步驟8作法提示
P.69
基本技法 - 隔間口袋

How to make

1 依紙型裁剪袋身表布 2 片、袋身裡布 2 片。袋身表布需燙襯，裡布不需燙襯。

2 依紙型裁剪側身表布、側身裡布各 2 片，表底布、裡底布各 1 片。側身表布、表底布需燙襯。

3 依紙型裁剪前口袋表布、前口袋裡布各 1 片、裡口袋 1 片。

4 將步驟 **3** 前口袋表布及裡布正面相對，上方車縫接合，翻至正面，接合處壓線。前口袋接合作法請參考 P.114 花朵的綺想肩背包步驟⑦。

5 將步驟 **4** 放至步驟 **1** 袋身表布前片上，兩側疏縫固定，並於中心車縫口袋固定線。作法請參考 P.92 咖啡與花束口包步驟③。

6 步驟 **1** 袋身表布後片車縫一字拉鍊。一字拉鍊口袋作法請參考 P.64 至 P.65。

7 接合步驟 **2** 側身表布及步驟 **3** 表底布，並依紙型記號裝上磁釦，即完成表袋身。

8 步驟 **3** 裡口袋上方摺燙 1cm 2 次後車縫，放至步驟 **1** 其中一片袋身裡布上，兩側疏縫固定，並依個人需求車縫口袋間隔。隔間口袋作法請參考 P.69。

9 以組合表袋身相同作法完成裡袋身。

10 將步驟 **9** 裡袋身套入步驟 **7** 表袋身（背面相對），縫份皆向下摺入 1cm，於袋口車縫一圈壓線，袋身即完成。袋身壓線作法請參考 P.96 青空日札手提包步驟⑳。

11 釘上提把、強磁撞釘，即完成作品。

08 藏花的祕密・束口包

挑戰指數 ★☆☆適合初學者製作

用 布 量：表布（牛仔藍色水洗帆布）1.5尺、裡布＋束口布（混色花朵布）1.5尺
材　　料：提把一付、皮片1組、皮繩120cm
紙型說明：原寸，縫份請外加1cm
裁布說明：作法裁布尺寸已含縫份1cm，本作品表布、裡布皆需燙襯

使用帆布・11號水洗帆布（牛仔藍色）／作品頁數・P.22／紙型・C面

How to make

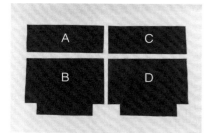

① 依紙型裁剪袋身表布ABCD共4片。

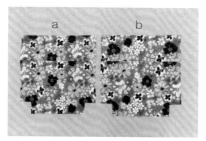

② 依紙型裁剪袋身裡布a・b共2片。

③ 裁剪束口布7cm×32cm共4片。

④ 裁剪手把布4cm×40cm共4片。

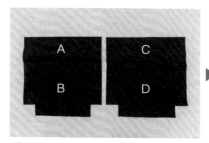

⑤ 將袋身表布A+B、C+D車縫後，壓縫裝飾線。

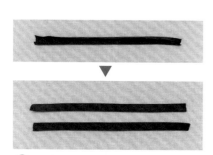

⑥ 手把布4片左右皆摺燙1cm，取2片背面相對，兩側車縫，共完成2條。

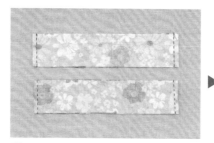

⑦ 步驟③束口布正面相對，左右車縫，翻至正面後接合處壓線，共完成2片。

  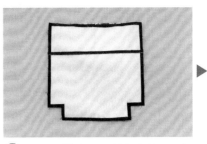

⑧ 將步驟⑥依記號放至步驟⑤袋身表布後,再放上步驟⑦車縫。另一片袋身表布以相同作法完成。

⑨-1 將步驟⑧的 2 片袋身表布正面相對,車縫兩側。

⑨-2 車縫底部及截角。袋身裡布以相同作法完成,並留返口。

⑩ 將步驟⑨表袋身翻至正面後,套入裡袋身,並於上方車縫一圈後翻出,縫合返口。

⑪ 整燙後,於袋口車縫一圈裝飾線。

⑫-1
取皮繩 120cm,裁成 2 條,如圖示自兩端開口處各自穿入皮繩。

⑫-2

⑬ 兩側釘上皮片,勾上背帶即完成。

09 咖啡與花・束口包

挑戰指數 ★☆☆適合初學者製作

用 布 量：表布（摩卡色帆布）1.5尺、裡布（米白色帆布）1尺
　　　　　束口布（花朵布）1尺
材　　料：提把一付、皮繩120cm
紙型說明：原寸，縫份請外加1cm／裁布說明：作法裁布尺寸已含縫份1cm

使用帆布・10號帆布（摩卡色、米白色）／作品頁數・P.24／紙型・D面

How to make

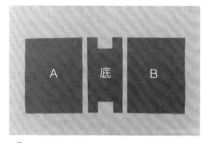

① 裁剪袋身表布A、B27cm×21.5cm各1片。依紙型裁剪表底布1片。袋身表布、表底布需燙襯。

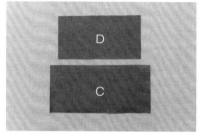

② 裁剪口袋布C16cm×35cm1片、D16cm×27cm1片。於上方摺燙1cm 2次後，壓一道裝飾線。

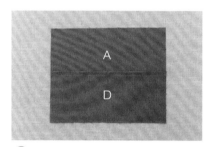

③ 將口袋布D置於袋身表布A，並於兩側疏縫，中間車縫固定線。

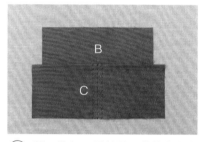

④ 將口袋布C置於另一片袋身表布B，中間車縫1條固定線後，再往左、右1cm處再各車縫1條固定線。小提醒：運用此作法可較容易拉好褶子。

⑤-1 拉好褶子後，布向中間拉齊，於左右兩側及下方疏縫。

⑤-2

⑤-3

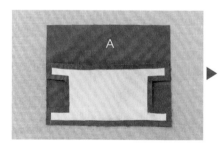

⑥-1 將步驟③袋身表布A接上表底布後，再接上步驟④袋身表布B。

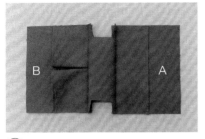

⑥-2

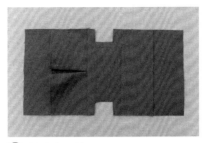

⑦ 於底布壓線。

⑧ 將接合完成的步驟⑦表布正面相對，車縫兩側，再車縫截角後，翻至正面。

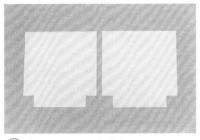

⑨ 依紙型裁剪袋身裡布2片。

⑩ 裁剪裡口袋布 16cm×27cm2片。

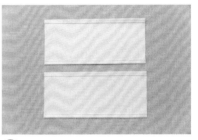

⑪ 將口袋布上、下摺燙 1cm 2 次後，壓縫裝飾線。

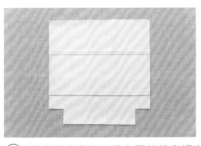

⑫ 將車縫完成的口袋布置於袋身裡布上，左右兩側疏縫及中間、下方車縫固定線。

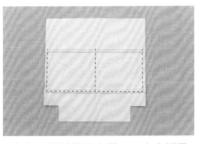

⑬-1 將袋身裡布正面相對車縫兩側。

⑬-2 車縫截角。

⑬-3

⑭ 將步驟⑬套入完成的步驟⑧表袋身（背面相對）。

⑮ 裁剪束口布 30cm×27cm 2 片。

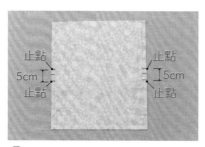

⑯ 如圖畫上記號。

⑰ 如圖依記號線車縫至止點。

⑱ 將縫份燙開後,於正面壓線。

⑲ 如圖將束口布向內對摺。

⑳ 將束口布套入步驟⑭,並於上方車縫一圈。

 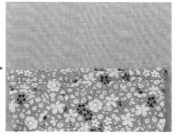

㉑ 將束口布向內摺入,整燙袋口。正面車縫 2 道裝飾線,束口布上方 2.5cm 處車縫固定線。

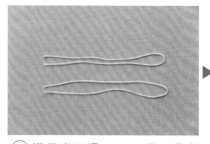

㉒-1 準備束口繩 60cm 2 條,參考 P.91 步驟⑫作法套入束口布。

㉒-2

㉓ 釘上手把,即完成作品。

10 文青的線條・束口包

挑戰指數 ★☆☆適合初學者製作

用 布 量：	表布（紅色帆布）1尺、裡布（米白色帆布）1.5尺 束口布（條紋布）1尺
材　　料：	提把一付、皮繩120cm
紙型說明：	原寸，縫份請外加1cm／裁布說明：作法裁布尺寸已含縫份1cm

使用帆布・10號帆布（紅色、米白色）／作品頁數・P.26／紙型・D面

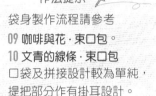

作法提示

袋身製作流程請參考
09 咖啡與花・束口包。
10 文青的線條・束口包
口袋及拼接設計較為單純，
提把部分作有掛耳設計。

How to make

1 依紙型裁剪袋身表布2片（需燙襯，襯不含縫份）、袋身裡布2片（不需燙襯）。

2 裁剪前口袋表布、裡布 16cm×30cm 各1片。

3 裁剪裡口袋布 16cm×30cm2片。

4 將前口袋表布、前口袋裡布正面相對，車縫上、下側，翻至正面後，於上方接合處壓線。**前口袋作法請參考 P.78 午后的和風藍長包步驟⑥。**

5 裡口袋布上、下摺燙 1cm2 次後壓線。**裡口袋作法請參考 P.78 午后的和風藍長包步驟⑳。**

6 將步驟**4**置於步驟**1**其中一片袋身表布上，並於下方車縫固定線，兩側疏縫，中心車縫口袋固定線，**車縫口袋固定線作法請參考 P.78 午后的和風藍長包步驟㉑。**

7 裁剪提把固定布4.5cm×3.5cm4片。

8 將提把套入固定布，再固定於袋身表布上。**提把固定方法請參考 P.114 花朵的綺想肩背包步驟⑫至步驟⑭。**

9 將步驟**5**完成之口袋置於袋身裡布上，並於下方車縫固定線，兩側疏縫，中心車縫口袋固定線。**作法請參考 P.78 午后的和風藍長包步驟㉑。**

10 將步驟**8**袋身表布2片正面相對，車縫兩側及截角，袋身裡布以相同方式完成。**作法請參考 P.78 午后的和風藍長包步驟⑪、步驟⑫。**

11 裁剪束口布 30cm×30cm2片。**作法請參考 P.92 咖啡與花束口包步驟⑮至步驟⑲。**

12 將步驟**10**裡袋身套入完成的步驟**10**表袋身中（背面相對）。**袋身作法請參考 P.92 咖啡與花束口包步驟⑭。**

13 將束口布套入步驟**12**，並於上方車縫一圈。**作法請參考 P.92 咖啡與花束口包步驟⑳。**

14 將束口布向內摺入，整燙袋口，正面車縫2道裝飾線，束口布上方 2.5cm 車縫固定線，**作法請參考 P.92 咖啡與花束口包步驟㉑。**

15 準備束口繩70cm2條，套入束口布，即完成作品。**作法請參考 P.92 咖啡與花束口包步驟㉒。**

POINT 提把固定布

POINT 束口布

POINT 前口袋
可依個人喜好決定隔層

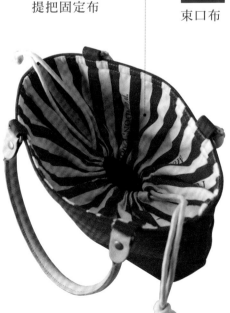

11 青空日札‧手提包

挑戰指數 ★★★適合進階程度者製作

用 布 量：表布（英文字母布）1尺、表布（卡其色帆布）1.5尺
　　　　　裡布（米白色帆布）1.5尺
材 　 料：提把一付、皮片1組、斜背帶1付、15cm拉鍊1條
紙型說明：原寸，縫份請外加1cm／裁布說明：作法裁布尺寸已含縫份1cm

使用帆布‧10號帆布（卡其色、米白色）／作品頁數‧P.28／紙型‧B面

How to make

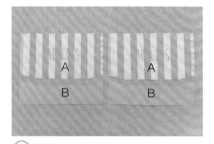

① 依紙型裁剪袋身表布A‧B各2片。

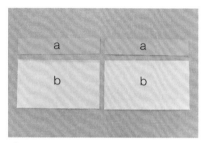

② 依紙型裁剪袋身裡布a、袋身裡布b各2片。

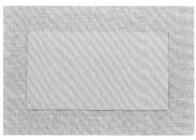

③ 裁剪表底布22cm×12cm1 片（需燙襯）。

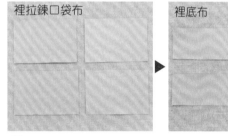

④ 裁剪裡拉鍊口袋布（15cm拉鍊）22cm×15cm4 片、裡底布 7cm×22cm 2 片、裡口袋布 32cm×14cm2 片。

⑤-1 如圖將袋身表布 B 凹處剪牙口，再與袋身表布 A 車縫接合。完成後壓上裝飾線，正面相對，車縫兩側。

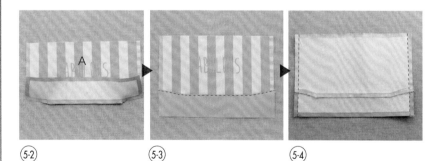

⑤-2　　　⑤-3　　　⑤-4

⑥-1 接合底布，先車縫兩側（點到點），如圖於表袋身剪牙口，再車縫上下側（點到點），完成表袋身。小提醒：點到點位置請見圖片標示位置。

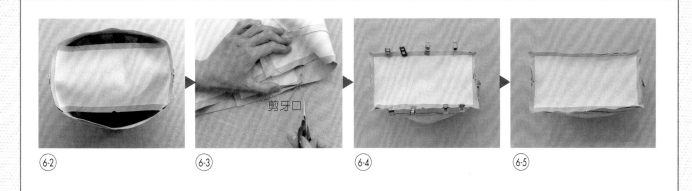

⑥-2　　　⑥-3　　　⑥-4　　　⑥-5

剪牙口

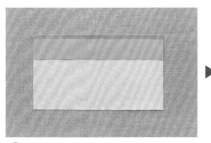

⑦ 組合袋身裡布 a+b，完成後，壓上裝飾線。

⑧-1 步驟④裡口袋布上方摺燙 1cm2 次後車縫。

⑧-2　　　⑧-3

⑨-1 將完成之步驟⑧放至步驟⑦上，兩側疏縫，並依個人需求車縫口袋間隔，完成 2 片。

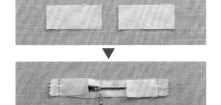

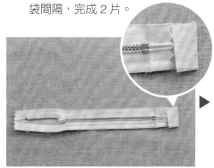

⑨-2

⑩ 準備 15cm 拉鍊，裁剪拉鍊頭尾布 2.5cm×6cm2 片，並車縫於拉鍊頭尾處。

⑪-1 如圖將拉鍊頭尾布摺兩褶後，車縫固定，另一側以相同作法完成。

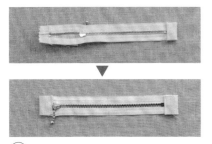

(11-2)

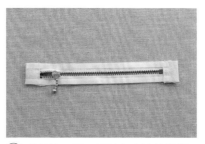

(12) 將拉鍊正反兩面貼上水溶性膠帶。

(13-1) 取拉鍊口袋布兩兩相對夾車拉鍊，完成後，壓縫裝飾線並將兩側疏縫。

(13-2)

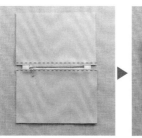

(13-3)

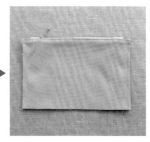

(13-4)

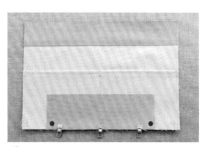

(14-1) 取一片步驟④裡底布，如圖畫上縫份記號（止點），先與步驟⑨其中一片袋身裡布車縫（點到點）
小提醒：點到點位置請見圖片標示位置。

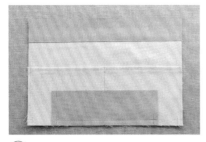

(14-2)

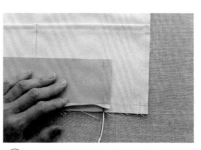

(15) 如圖將袋身裡布剪一刀牙口。

(16-1) 如圖將底布與袋身裡布車縫固定，共完成2片裡袋身片。

(16-2)

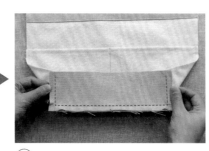

(16-3)

(17-1) 將步驟⑬與步驟⑯其中一片裡袋身片兩側疏縫固定（下方只能車到止點）

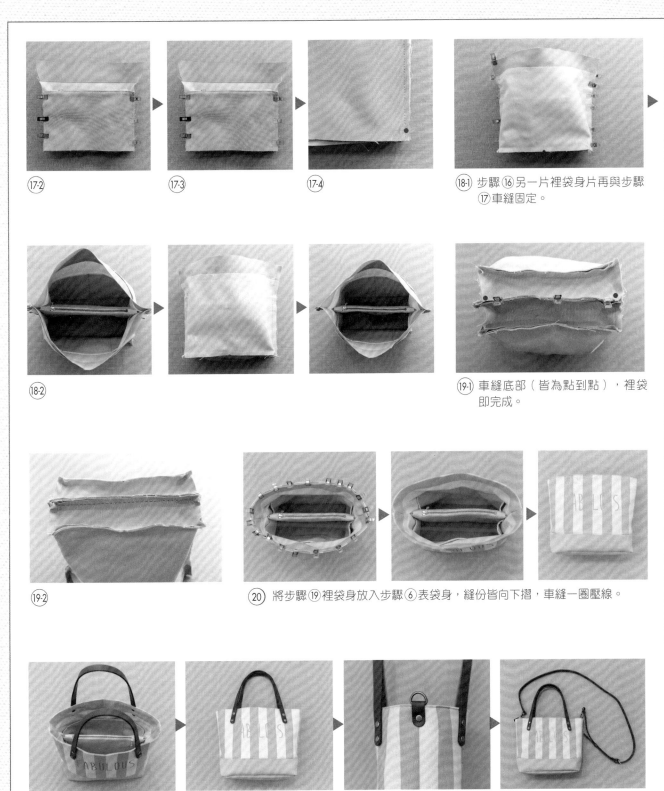

⑰-2

⑰-3

⑰-4

⑱-1 步驟⑯另一片裡袋身片再與步驟⑰車縫固定。

⑱-2

⑲-1 車縫底部（皆為點到點），裡袋即完成。

⑲-2

⑳ 將步驟⑲裡袋身放入步驟⑥表袋身，縫份皆向下摺，車縫一圈壓線。

㉑ 釘上皮片及手把，再勾上背帶，即完成作品。

12 花漾女子・肩背包

挑戰指數 ★★★適合進階程度者製作

用 布 量：表布（碎花布）1尺、（霧粉色帆布）1尺、底布（灰色帆布）1尺
　　　　　裡布（米白色帆布）2尺
材 　 料：提把一付、雞眼釦4組、20cm拉鍊1條
紙型說明：原寸，縫份請外加1cm／裁布說明：作法裁布尺寸已含縫份1cm

使用帆布・10號帆布（霧粉色、灰色、米白色）／作品頁數・P.30／紙型・D面

作法提示
袋身製作流程請參考
11 青空日札手提包。
12 花漾女子肩背包
為尺寸較大款，提把為雞眼釦裝置設計。

BOX NOTE.1

步驟**22**作法提示
P.61
基本技法 - 雞眼釦的安裝方法

How to make

1 依紙型裁剪袋身表布 A・B 各 2 片。

2 依紙型裁剪袋身裡布 a，袋身裡布 b 各 2 片。

3 裁剪表底布 26cm×13cm1 片（需燙襯）。

4 裁剪裡袋拉鍊口袋布（20cm 拉鍊）26cm×20cm 4 片、裡底布 7.5cm×26cm 2 片、裡口袋布 37cm×18cm 2 片。

5 將袋身表布 B 凹處剪牙口，再與袋身表布 A 車縫接合，完成後，壓上裝飾線，正面相對，車縫兩側。作法請參考 P.96 青空日札手提包步驟 ⑤。

6 接合底布，先車縫兩側（點到點），於表袋身剪牙口，再車縫上下側（點到點），完成表袋身。作法請參考 P.96 青空日札・手提包步驟 ⑥。

7 組合袋身裡布 a+b。完成後，壓上裝飾線。作法請參考 P.96 青空日札手提包步驟 ⑦。

8 步驟 **4** 裡口袋布上方摺燙 1cm2 次後車縫，隔間口袋作法請參考 P.69。

9 將完成之步驟 **8** 放至步驟 **7** 上，兩側疏縫，並依個人需求車縫口袋間隔。

10 另一側夾式口袋作法，請參考 P.69。小提醒：請在口袋完成後，再與袋身裡布 a・b 夾車。

11 裁剪拉鍊頭尾布 2.5cm×6cm2 片，並車縫於拉鍊頭尾處。作法請參考 P.96 青空日札手提包步驟 ⑩。

12 將拉鍊頭尾布摺兩褶後，車縫固定，另一側以相同作法完成。作法請參考 P.96 青空日札手提包步驟 ⑪。

13 將拉鍊正反兩面貼上水溶性膠帶。作法請參考 P.96 青空日札手提包步驟 ⑫。

14 取拉鍊口袋布兩兩相對夾車拉鍊，完成後壓縫裝飾線，並將兩側疏縫。作法請參考 P.96 青空日札手提包步驟 ⑬。

15 取一片步驟 **4** 裡袋底布，畫上縫份記號（止點），先與一片步驟 **9** 袋身裡布車縫（點到點）。作法請參考 P.96 青空日札手提包步驟 ⑭。

16 將袋身裡布剪一刀牙口。作法請參考 P.96 青空日札手提包步驟 ⑮。

17 將底布與袋身裡布車縫固定。作法請參考 P.96 青空日札手提包步驟 ⑯。共完成 2 片裡袋身片。

18 將步驟 **14** 與步驟 **17** 兩側先疏縫固定（下方只能車到止點）。作法請參考 P.96 青空日札手提包步驟 ⑰。

19 步驟 **17** 另一片裡袋身片再與步驟 **18** 車縫固定，作法請參考 P.96 青空日札手提包步驟 ⑱。

20 車縫底部（皆為點到點），裡袋即完成。作法請參考 P.96 青空日札手提包步驟 ⑲。

21 將步驟 **20** 裡袋身放入步驟 **6** 表袋身，縫份皆向下摺，車縫一圈壓線。作法請參考 P.96 青空日札手提包步驟 ⑳。

22 依紙型記號釘上雞眼釦並裝上提把，即完成作品。

13 粉紅色的小日子・水桶包

挑戰指數 ★★☆適合有縫紉基礎程度者製作

用 布 量：表布（霧粉色帆布）1.5尺、（條紋布）1尺、底布（咖啡色帆布）1尺
裡布（米白色帆布）2尺、拉鍊口袋布1尺

材　　料：提把一付、D型環（2cm）2個 、雞眼釦8組、皮繩1組、15cm拉鍊1條

紙型說明：原寸，縫份請外加1cm／裁布說明：作法裁布尺寸已含縫份1cm

使用帆布・10號帆布（霧粉色、咖啡色、米白色）／作品頁數・P.32／紙型・A面

How to make

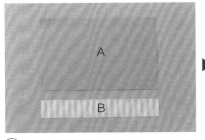 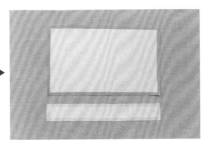

① 依紙型裁剪袋身表布 A・B 各 2 片。（需燙襯）。

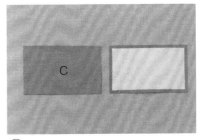

② 裁剪底布C27cm×16cm 2片（一片需燙襯，另一片不需燙襯）。

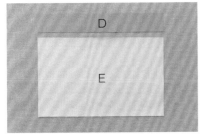

③ 依紙型裁剪袋身裡布 D・E 各 2 片（不需燙襯）。

④ 裁剪裡口袋布 F18cm×41cm1 片。

⑤ 將袋身表布 A・B 車縫接合，並於接合處壓上裝飾線，共完成 2 片。

⑥ 裁剪側身布 27cm×4cm2 條。

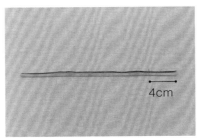

4cm

⑦ 如圖將側身布向內摺燙 1cm 後，於 4cm 處作記號，再套入 D 型環（2cm）對齊記號線。

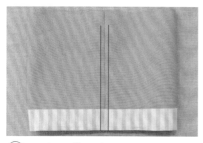
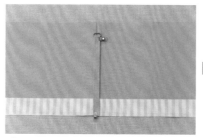
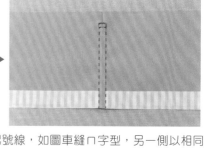

⑧ 將步驟⑤袋身表布2片正面相對，兩側相接，完成後翻至正面，並於兩側接合處畫2cm寬記號。

⑨ 將步驟⑦側身布條對齊步驟⑧之記號線，如圖車縫ㄇ字型，另一側以相同作法完成。

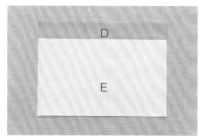
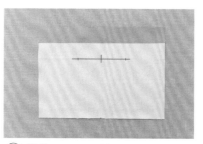

⑩ 車縫接合步驟②底布C（有燙襯），如圖先車縫兩側。

⑪ 轉角處剪牙口後，車縫另外兩側，完成表袋身。

⑫ 將袋身裡布D・E車縫接合，並於接合處壓上裝飾線，共完成2片。

⑬ 準備15cm拉鍊1條，並在步驟⑫其中一片畫上拉鍊記號。

⑭-1 裁剪拉鍊口袋布20cm×34cm1片，並放置在步驟⑬上，以珠針固定。

⑭-2

⑮ 車縫一圈。

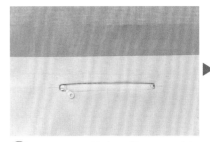

⑯ 如圖將布剪開，並將拉鍊口袋布塞入後，整燙。

⑰-1 將拉鍊放置於步驟⑯下方，車縫一圈。

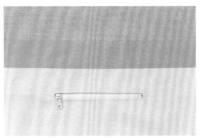

⑰-2

⑱ 將拉鍊口袋布正面相對車縫ㄇ型。

⑲-1 步驟④裡口袋布 F 上方摺燙 1cm 2 次後車縫，置於步驟⑫另一片袋身裡布上，兩側疏縫固定，並依個人需求車縫口袋間隔。

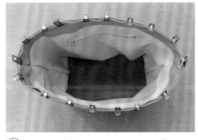

⑲-2

⑳ 將步驟⑱及步驟⑲正面相對，車縫兩側，再與底布（無燙襯）車縫接合，完成裡袋身。（作法與步驟⑩至步驟⑪相同。）

㉑-1 將步驟⑳裡袋身放入步驟⑪表袋身，縫份向下摺入 1cm 後，車縫一圈袋身即完成。

㉑-2

㉒ 依紙型標示位置打上雞眼釦，穿入皮繩，釦上背帶即完成作品。

製包小教室 How to make

103

14 仿舊的藍調時光・水桶包

挑戰指數 ★★☆適合有縫紉基礎程度者製作

用 布 量：表布（深藍色水洗帆布）2尺、底布（灰色帆布）1尺、裡布（米白色帆布）1.5尺
材　　料：D型環（2cm）2個、雞眼釦8組、皮繩1組、提把一付
紙型說明：原寸，縫份請外加1cm／裁布說明：作法裁布尺寸已含縫份1cm

使用帆布・11號水洗帆布（深藍色）、10號帆布（米白色、灰色）
作品頁數・P.34／紙型・C面

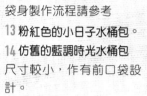

作法提示

袋身製作流程請參考
13 粉紅色的小日子水桶包。
14 仿舊的藍調時光水桶包
尺寸較小，作有前口袋設計。

POINT

前口袋
可依個人喜好決定尺寸

How to make

1 依紙型裁剪袋身表布 A・B 各 2 片（需燙襯）。

2 裁剪前口袋布 22cm×26cm 1 片。

3 裁剪底布 C 14cm×26cm 2 片（一片需燙襯，一片不需燙襯）

4 依紙型裁剪袋身裡布 D、E 各 2 片（不需燙襯）。

5 裁剪裡口袋布 F 16cm×38cm 2 片。

6 將步驟 **2** 前口袋布正面相對對摺，並車縫兩側，翻至正面於上方壓線。作法請參考 P.105 法式鈴蘭購物包步驟 ⑦，但本款作品是正面相對且車縫兩側。

7 將步驟 **6** 完成之前口袋放置在袋身表布 A 下方，對齊中心後，車縫兩側。作法請參考 P.105 法式鈴蘭購物包步驟 ⑧，但此處是車縫兩側。

8 將袋身表布 A・B 車縫接合，並於接合處壓上裝飾線，共完成 2 片。作法請參考 P.101 粉紅色的小日子水桶包步驟 ⑤。

9 裁剪側身布 40cm×4cm 2 條，將側身布向內摺燙 1cm 後，於 4cm 處作記號，再套入 D 型環（2cm）對齊記號線。作法請參考 P.101 粉紅色的小日子水桶包步驟 ⑥、步驟 ⑦。

10 將步驟 **8** 袋身表布 2 片正面相對，兩側相接，完成後翻至正面，並於兩側接合處畫 2cm 寬記號。作法請參考 P.101 粉紅色的小日子水桶包步驟 ⑧。

11 將側身布條對齊步驟 **10** 之記號線，車縫ㄇ字型，另一側以相同作法完成。作法請參考 P.101 粉紅色的小日子水桶包步驟 ⑨。

12 步驟 **11** 車縫接合表底布 C（需燙襯）。完成表袋身。作法請參考 P.101 粉紅色的小日子水桶包步驟 ⑩、步驟 ⑪。

13 將袋身裡布 D、E 車縫接合，並於接合處壓上裝飾線，共完成 2 片。作法請參考 P.101 粉紅色的小日子水桶包步驟 ⑫。
裡口袋布 F 上方摺燙 1cm 2 次後壓線，置於步驟 **13** 裡布上，兩側疏縫固定，並依個人需求車縫口袋線。隔間口袋作法請參考 P.69。

14 將步驟 **13** 完成的 2 片袋身裡布正面相對，車縫兩側，再將底布（無燙襯）車縫接合，即完成裡袋身。作法請參考 P.101 粉紅色的小日子水桶包步驟 ⑳。

15 將步驟 **14** 裡袋身放入步驟 **12** 表袋身，縫份向下摺入後，車縫一圈，袋身即完成。作法請參考 P.101 粉紅色的小日子水桶包步驟 ㉑。

16 依紙型標示位置打上雞眼釦，穿入皮繩，釦上背帶即完成。作法請參考 P.101 粉紅色的小日子水桶包 ㉒。

15 法式鈴蘭・購物包

挑戰指數 ★★★適合進階程度者製作

用 布 量：表布（紅色帆布）2尺、裡布（米白色帆布）3尺
　　　　　口袋布（法式風格布）1尺

材　　料：提把一付、口型環（2.5cm）4個、35cm拉鍊1條、拉鍊尾皮片1付

紙型說明：原寸，縫份請外加1cm／裁布說明：作法裁布尺寸已含縫份1cm

使用帆布・8號帆布（紅色）、10號帆布（米白色）／作品頁數・P.36／紙型・B面

How to make

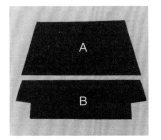

① 依紙型裁剪袋身表布 A・B各2片。

② 依紙型裁剪袋身裡布 a・b各2片。

③ 裁剪前口袋布C19cm ×32cm1片。（需燙襯）

④ 依紙型裁剪裡口袋布 c 2片。

⑤ 裁剪提把布4.5cm× 21cm4片。

⑥ 裁剪拉鍊口布表布、裡布4.5cm×28cm 各2片。請準備35cm 拉鍊1條。

⑦ 將前口袋布C對摺(背面相對)並於上方壓一道裝飾線。

⑧ 將步驟⑦置於其中一片袋身表布A上，對齊中心點，於下方疏縫。

⑨ 依紙型標示畫上提把記號。

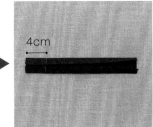
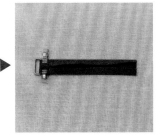

⑩ 如圖將步驟⑤4片提把布向內摺燙1cm，於4cm處畫上記號，套入口型環（2.5cm）後，下摺對齊記號線。

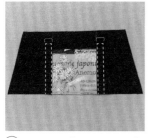 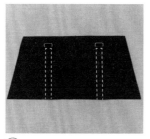 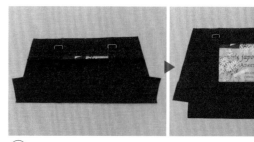

⑪ 將步驟⑩置於步驟⑨上，對齊提把記號線後，車縫一圈冂型線。

⑫ 另一片袋身表布A請以相同作法完成。

⑬ 將步驟⑪與袋身表布B車縫接合，並於接合處壓線，共完成2片（另一片袋身表布A無口袋設計）。

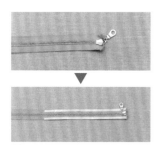 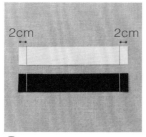 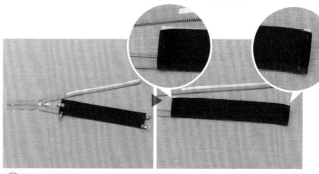

⑭ 將步驟⑥拉鍊如圖以水溶性膠帶黏好固定，拉鍊表面、背面皆貼上水溶性膠帶。

⑮ 拉鍊口布表布、裡布左右兩側皆畫上2cm記號。

⑯ 拉鍊口布表布、裡布兩側向內對齊記號線摺入，撕開拉鍊水溶性膠帶，貼上拉鍊口布後車縫。（表布、裡布夾車拉鍊）

⑰ 翻至拉鍊正面，車縫冂型一圈。

⑱ 另一側以相同作法完成。

⑲ 將步驟④裡口袋c上、下摺燙1cm 2次後壓線，固定於袋身裡布b上，並依個人需求車縫口袋位置。

⑳ 將步驟⑱拉鍊口布放置於步驟⑲，再將袋身裡布a放上，並以強力夾固定後車縫，翻至正面壓線。

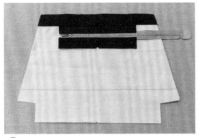

㉑ 縫上拉鍊尾片。

㉒-1 另一片袋身裡布a＋b以相同方式夾車拉鍊口布。

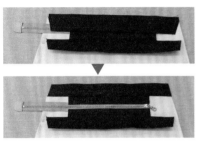

㉒-2

㉓-1 將步驟⑬袋身表布2片正面相對，車縫兩側及底部。步驟㉒袋身裡布以相同作法完成。

㉓-2

㉓-3

表袋身

㉔-1 步驟㉓袋身表布及袋身裡布各自車縫截角，即完成表袋身及裡袋身。

裡袋身

㉔-2

㉕ 將裡袋身套入表袋身（背面相對），上方縫份摺入1cm，車縫一圈。

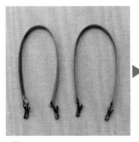

㉖ 準備提把1付，勾上提把後，作品即完成。

16 簡單的白·後背包

挑戰指數 ★★★適合進階程度者製作

用 布 量：	表布（米白色帆布）2尺、（花束布）1尺、裡布＋袋蓋布（霧藍色帆布）1.5尺
材　　料：	45cm拉鍊1條、D型環（2cm）2個、磁釦1組、2.5cm人字帶220cm、背帶1組
紙型說明：	原寸，縫份請外加1cm
裁布說明：	作法裁布尺寸已含縫份1cm

使用帆布·10號帆布（米白色、霧藍色）／作品頁數·P.38／紙型·A面·B面

How to make

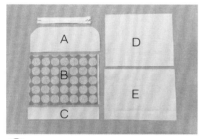

① 依紙型裁剪袋身表布A·B·C、拉鍊口袋裡布D·E，準備20cm拉鍊1條。

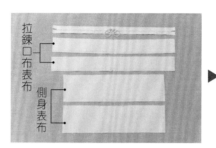

② 裁剪拉鍊口布表布、拉鍊口布裡布3.5cm×45cm各2片、側身表布、側身裡布8cm×36.5cm各2片、準備45cm拉鍊1條。

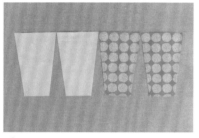

③ 依紙型裁剪側身口袋表布、側身口袋裡布各2片。

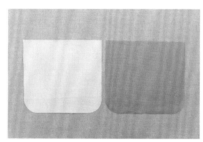

④ 依紙型裁剪袋蓋表布、袋蓋裡布。

⑤ 依紙型裁剪表後片1片（需燙襯）及袋身裡布2片，共3片。

⑥ 拉鍊口布表布、拉鍊口布裡布夾車拉鍊，正面壓線。

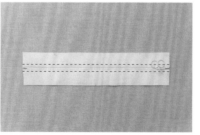

⑦ 側身表布2片、側身裡布2片各自車縫，接合處壓線。

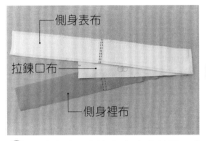 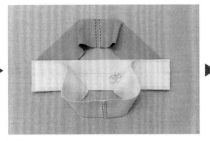 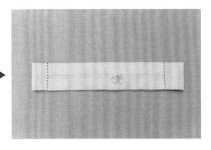

⑧ 側身表布、側身裡布夾車拉鍊口布，完成後，正面壓線。

 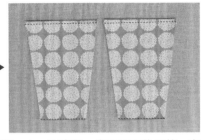 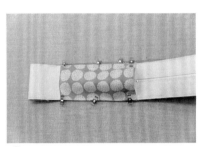

⑨ 側身口袋表布、側身口袋裡布正面相對，上、下車縫，翻至正面後壓線，完成 2 片。

⑩ 將步驟⑨側身口袋固定於步驟⑧側身上。

  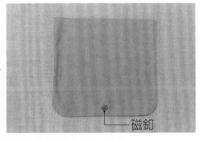

⑪ 將步驟④袋蓋正面相對車縫一圈（上方不車縫），翻至正面後壓線，依紙型上記號在袋蓋裡布釘上磁釦。

磁釦

 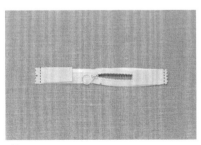 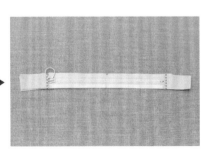

⑫ 裁剪拉鍊頭尾布 2.5cm×6cm 4 片。

⑬ 拉鍊頭尾布夾車拉鍊，並於正面壓線。

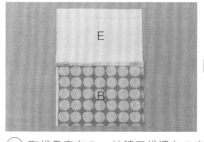
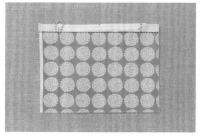

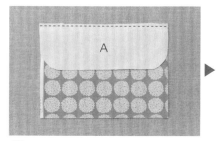

⑭ 取袋身表布 B・拉鍊口袋裡布 E 夾車步驟⑬，並於正面壓線。

⑮-1 取袋身表布 A、拉鍊口袋裡布 D 夾車另一側拉鍊，完成後於正面壓線。

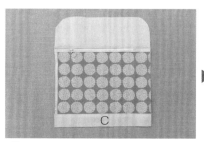

⑮-2

⑯ 取袋身表布 C 再與步驟⑮車縫接合，完成後壓線，並依紙型記號裝上磁釦，即完成表前片。

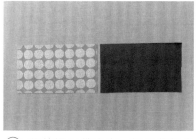

⑰ 裁剪裡口袋表布、裡口袋裡布 30cm×18cm 各 1 片。

⑱ 裡口袋表布、裡布正面相對，車縫上、下側，翻至正面後壓線。

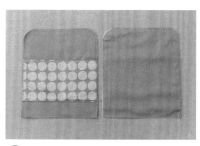

⑲ 將完成之步驟⑱固定於其中一片袋身裡布上。

⑳ 將表前片及表後片各自與袋身裡布背面相對疏縫一圈。

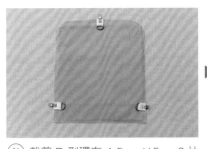  

㉑ 裁剪 D 型環布 4.5cm×5cm3 片，**D 型環布作法請參考 P.83 夜空裡的小花 3WAY 包步驟⑬、步驟⑭**，於表後片固定 2cmD 型環。裁剪提把布 30cm×5cm2 條，**提把作法請參考 P.83 夜空裡的小花 3WAY 包步驟⑮**。可視個人需求決定是否加上提把。

㉒ 將步驟⑯表前片與步驟⑩側身固定。（車縫時，請先以點到點車縫下方）

㉓ 將 2.5cm 人字帶 110cm 裁成 2 條，取 1 條，完成包邊。

 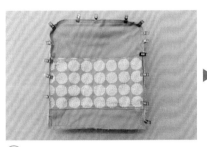 

㉔ 固定上步驟⑪袋蓋。

㉕-1 步驟㉔與步驟㉑表後片正面相對車縫，如圖取另一條人字帶完成包邊。

㉕-2

㉕-3

㉖ 翻至正面，勾上背帶即完成作品。

17 文青的黃 · 兩用包

挑戰指數 ★★★適合進階程度者製作

用 布 量：	表布（米白色帆布、芥黃色帆布、卡其色帆布）各2尺 裡布（棉麻布）2尺
材 料：	40cm拉鍊1條、15cm拉鍊1條、D型環（2cm）2個、提把1組、人字帶210cm
紙型說明：	原寸，縫份請外加1cm／**裁布說明**：作法裁布尺寸已含縫份1cm

使用帆布・10號帆布（米白色、芥黃色、卡其色）／**作品頁數**・P.40／**紙型**・C面

作法提示

袋身製作流程請參考

16 簡單的白後背包。
表袋的提把設計作法請參考

15 法式鈴蘭購物包。

POINT

後口袋
夾車拉鍊口袋

How to make

1 依紙型裁剪袋身表布 A、B、C 各 1 片，袋身裡布 2 片。

2 取 40cm 拉鍊 1 條，裁剪拉鍊口 布表布、拉鍊口布裡布 5.5cm× 42cm 各 2 片。

3 裁剪側身表布、側身裡布 10cm× 62cm 各 1 片、前口袋布 16cm× 18cm 1 片。

4 準備 15cm 拉鍊，裁剪後拉鍊口 袋 18cm×18cm4 片、裡口袋布 29cm×30cm2 片 。

POINT

拉鍊口布

以米白色、卡其色帆
布作出撞色設計，側
身為一體成形。

POINT

前口袋

袋身以芥黃色、米白色
帆布展現鮮明個性。

5 準備人字帶 210cm1 條。

6 裁剪提把固定布 3.5cm×30cm1
片（前表袋）、3.5cm×46cm1
片（後表袋）。

7 步驟 **3** 前口袋布上方摺燙 1cm2
次後壓線。**作法請參考 P.114 花
朵的綺想肩背包步驟⑩。**

8 將步驟 **7** 置於袋身表布 A 下方，
並對齊中心後疏縫。**作法請參考
P.105 法式鈴蘭購物包步驟⑧。**

9 將步驟 **4** 後拉鍊口袋布夾車拉鍊
後，置於袋身表布 C 下方，並對
齊中心後疏縫。**夾車拉鍊作法請參
考 P.66。**

10 將提把固定布向內摺燙，穿過提把
上的口型環，固定於步驟 **8** 袋身表
布 A 上。**提把固定布作法請參考
P.105 法式鈴蘭購物包步驟⑩、步
驟⑪。**

11 步驟 **10** 完成後，與袋身表布 B 車
縫相接，接合處壓線。**作法請參考
P.105 法式鈴蘭購物包步驟⑬。**

12 以步驟 **10**、步驟 **11** 相同作法將提
把固定布固定於袋身表布 C 上。

13 製作拉鍊口布，並與側身布相接。
在此可加上 D 型環。**作法請參考
P.108 簡單的白後背包步驟⑥、步
驟⑦、步驟⑧。**

14 製作袋身裡布，裡口袋可依個人需
求製作，此款為貼式口袋設計。**貼
式口袋作法請參考 P.67。**

15 表前片與表後片各自與步驟 **14** 袋
身裡布疏縫一圈固定。作法請參考
P.108 簡單的白後背包步驟⑳。

16 表前片與側身車縫固定，以人字
帶完成包邊後，再與表後片車縫
固定包邊。**作法請參考 P.108 簡
單的白後背包步驟㉒至步驟㉕。**

17 將袋身翻至正面，即完成作品。

18 花朵的綺想・肩背包

挑戰指數 ★★★適合進階程度者製作

用 布 量：表布（芥黃色帆布）2尺、裡布（米白色帆布）2尺
　　　　　前口袋布（花朵布）1尺
材　　　料：提把一付、強磁撞釘2組、35cm拉鍊1條、拉鍊尾片1組
紙型說明：原寸，縫份請外加1cm／裁布說明：作法裁布尺寸已含縫份1cm

使用帆布・10號帆布（芥黃色、米白色）／作品頁數・P.42／紙型・A面

How to make

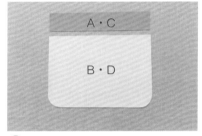

① 依紙型裁剪袋身表布A、B各1 片，袋身裡布C、D各2片。

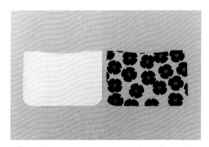

② 依紙型裁剪前口袋表布、前口袋裡 布各1片。

③ 依紙型裁剪表後片、表後口袋各 1片。

④ 依紙型裁剪側身表布2片、側身裡布、裡側貼邊各2片。（表布需燙襯，裡布不需燙襯）

⑤ 依紙型裁剪裡口袋2片。

⑥ 準備35cm拉鍊1條，裁剪拉鍊口 布表布、拉鍊口布裡布4.5cm×28cm 各2片。

⑦-1 如圖將步驟②前口袋表布、前口 袋裡布正面相對，車縫上方弧度 處。翻至正面，於上方接合處壓 線。

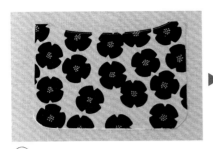

⑦-2

⑧ 將步驟⑦前口袋置於袋身表布 B 並疏縫一圈。

⑨ 將袋身表布 A 與步驟⑧正面相對車縫，並於接合處壓線。

⑩ 步驟③表後口袋上方摺燙 1cm 2 次後壓線。

⑪ 將步驟⑩置於表後片上，疏縫一圈。

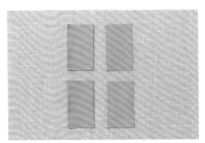

⑫ 裁剪提把布 3.5cm×4cm4 片。

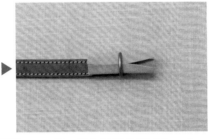

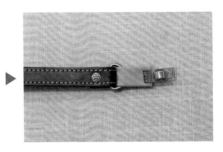

⑬ 準備提把一組，將提把布左右向內摺燙 1cm 後，套入提把 D 環（2cm）

⑭ 將提把固定於步驟⑨表袋身上。

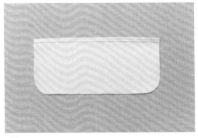

⑮ 步驟⑤裡口袋上方摺燙 1cm 2 次後壓線，共完成 2 片。

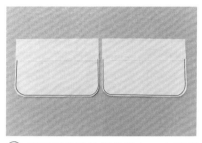

⑯ 將裡口袋置於袋身裡布 D 上疏縫
一圈，並依個人需求車縫口袋線。

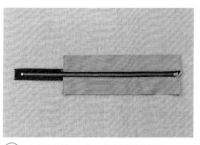

⑰ 車縫拉鍊口布，作法請參考 P.105
法式鈴蘭購物包步驟⑭至步驟⑱
。

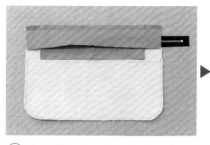

⑱-1 步驟⑰拉鍊口布與袋身裡布 C、
D 夾車後，於接合處壓線。

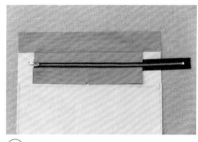

⑱-2

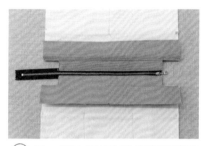

⑲ 另一側以相同方法夾車拉鍊口
布。

⑳-1 車縫步驟④側身表布，側身表布
2 片正面相對接合一端後，將接
合處縫份燙開並壓線。

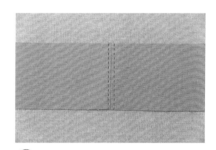

⑳-2

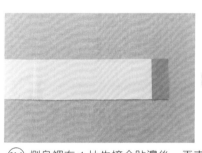

㉑-1 側身裡布 1 片先接合貼邊後，再車縫相接另一片，將接合處縫份燙開並壓
線。

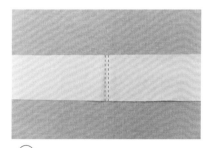

㉑-2

㉒ 步驟⑪袋身表後片與步驟⑳側身表布車縫接合，袋身表前片亦以相同作法
接合。完成後，於口袋處敲上撞釘。

 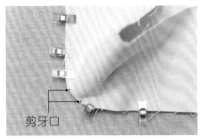 

㉓-1 步驟⑲袋身裡布與步驟㉑側身裡布車縫接合，一側請留返口。弧度處剪牙口，在拉鍊尾部縫上皮片。

㉓-2

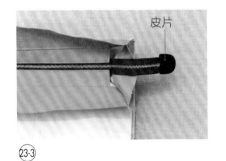  

㉓-3

㉔ 將完成的步驟㉒表袋身套入步驟㉓裡袋身，上方車縫一圈。完成後將表袋身從返口處拉出。

㉕ 縫合返口，整燙袋口處後，壓線一圈，作品即完成。

19 夾心聖代・肩背包

挑戰指數 ★★★適合進階程度者製作

用 布 量	：表布（芥黃色帆布）1.5尺、（條紋布）1尺、裡布（米白色帆布）1.5尺 口袋布（灰色帆布）1尺
材 料	：提把1付、雞眼釦2組、拉鍊18cm、35cm各1條、強磁撞釘1組
紙型說明	：原寸，縫份請外加1cm／裁布說明：作法裁布尺寸已含縫份1cm

使用帆布・10號帆布（芥黃色、灰色、米白色）／作品頁數・P.44／紙型・C面

作法提示 🖋

袋身製作流程請參考
18 花朵的綺想肩背包。
19 夾心聖代肩背包
為尺寸較小的延伸款。

POINT

前口袋

How to make

1 依紙型裁剪袋身表布 A 2 片、袋身表布 B 1 片、袋身表布 C 1 片。

2 依紙型裁剪袋身裡布 a、b 各 2 片。

3 依紙型裁剪表前口袋表布、表前口袋裡布各 1 片。

4 依紙型裁剪表後片拉鍊口袋布 E・F・G 各 1 片。

5 準備 35cm 拉鍊 1 條，裁剪拉鍊口布表布、裡布 4cm×24cm 各 2 片。

6 依紙型裁剪側身表布、側身裡布各 1 片。裡側貼邊、裡口袋各 2 片。（表布需燙襯，裡布不需燙襯）

7 表前口袋表布、表前口袋裡布正面相對，車縫上方，翻至正面後，於上方接合處壓線。**作法請參考 P.114 花朵的綺想肩背包步驟⑦。**

8 將前口袋置於袋身表布 B 上，疏縫固定一圈。**作法請參考 P.114 花朵的綺想肩背包步驟⑧。**

9 取一片袋身表布 A 與步驟 **8** 正面相對車縫，並於接合處壓線。**作法請參考 P.114 花朵的綺想肩背包步驟⑨。**

10 裁剪拉鍊頭尾布 2.5cm×6cm 4 片，製作表後片拉鍊口袋。**拉鍊口袋作法請參考 P.67。**拉鍊口袋車縫完成後，再與袋身表布 C 接合，即完成表後片。

11 步驟 **9** 表前片與側身車縫完成後，再與表後片相接。**作法請參考 P.114 花朵的綺想肩背包步驟㉒。**

BOX NOTE.1

步驟**10**作法提示
P.67 基本技法 - 拉鍊口袋

POINT

拉鍊口布
以撞色設計突顯袋身

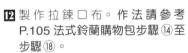

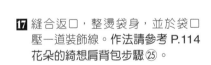

BOX NOTE.2

隔間口袋
步驟**12**作法提示
P.69 基本技法 - 隔間口袋

12 製作拉鍊口布。作法請參考 P.105 法式鈴蘭購物包步驟⑭至步驟⑱。
裡口袋上方摺燙 1cm 2 次壓線，疏縫於袋身裡布 b，共完成 2 片。隔間口袋作法請參考 P.69。

13 步驟**12**拉鍊口布與袋身裡布 a、b 夾車，並於接合處壓線。作法請參考 P.114 花朵的綺想肩背包步驟⑱。

14 另一側以相同方法夾車拉鍊口布，作法請參考 P.114 花朵的綺想肩背包步驟⑲。

15 步驟**14**袋身裡布與側身車縫接合，一側需留返口，弧度處請剪牙口。拉鍊尾部縫上皮片。作法請參考 P.114 花朵的綺想肩背包步驟㉓。

16 將步驟**11**表袋身套入步驟**15**裡袋身，上方車縫一圈後，自返口翻出。作法請參考 P.114 花朵的綺想肩背包步驟㉔。

17 縫合返口，整燙袋身，並於袋口壓一道裝飾線。作法請參考 P.114 花朵的綺想肩背包步驟㉕。

18 釘上雞眼釦，勾上提把，即完成作品。雞眼釦的安裝方法請參考 P.61。

20 緋紅時尚・隨身包

挑戰指數 ★★★適合進階程度者製作

用 布 量：	表布（紅色帆布）2尺、裡布（米白色帆布）2尺
	袋蓋（條紋布）1尺、拉鍊口袋布1尺
材　　料：	背帶1付、15cm拉鍊2條、皮片1組、皮釦一組
紙型說明：	原寸，縫份請外加1cm／裁布說明：作法裁布尺寸已含縫份1cm

使用帆布・10號帆布（紅色、米白色帆布）／作品頁數・P.46／紙型・B面

作法提示

袋身製作流程請參考
18 花朵的綺想肩背包。
20 緋紅時尚隨身包
為尺寸較小的延伸款，並
加上袋蓋及在口袋作了變
化設計。

POINT ....

前口袋

How to make

1 依紙型裁剪袋身表布 A2片、袋身
表布 B1片、袋身表布 C1片。

2 依紙型裁剪前口袋表布、前口袋裡
布各 1片。

3 依紙型裁剪後片拉鍊口袋布 a 表
布、表後片拉鍊口袋布 a 裡布各 1
片。表後片拉鍊裡布 b1片。

4 依紙型裁剪袋身裡布 2片、裡貼邊
2片、裡口袋 1片。

5 依紙型裁剪側身表布 1片、側身裡
布 1片、裡側身貼邊 2片。

6 依紙型裁剪袋蓋表布、袋蓋裡布各
1片。

7 前口袋表布、前口袋裡布正面相
對，車縫上方弧度處，翻至正面，
於上方接合處壓線。**作法請參考
P.114 花朵的綺想肩背包步驟⑦。**

8 將步驟 **7** 前口袋置於袋身表布 B
上並疏縫一圈。**作法請參考 P.114
花朵的綺想肩背包步驟⑧。**

9 取一片袋身表布 A 與步驟 **8** 正面
相對車縫，並於接合處壓線完成表
前片。**作法請參考 P.114 花朵的
綺想肩背包步驟⑨。**

10 裁剪拉鍊頭尾布 2.5cm×6.5cm4
片，製作表後片拉鍊口袋，拉鍊口
袋作法請參考 P.67。

11 將步驟 **4** 袋身裡布與裡貼邊車縫，
接合處壓線。**作法請參考 P.101
粉紅色的小日子水桶包步驟⑫。**

BOX NOTE.1

拉鍊口袋布
步驟 **10** 作法提示
P.67
基本技法 - 拉鍊口袋

BOX NOTE.2

隔間口袋
步驟 **12** 至 **13** 作法提示
P.64
基本技法 - 一字拉鍊口袋
P.69
基本技法 - 隔間口袋

12 步驟 **4** 裡口袋上方摺燙 1cm 2 次後壓線，並疏縫於其中一片袋身裡布。**隔間口袋作法請參考 P.69。**

13 準備 15cm 拉鍊 1 條，裁剪裡拉鍊口袋 20cm×28cm1 片，製作一字拉鍊口袋。**一字拉鍊口袋作法請參考 P.64。**

14 取袋蓋表布、袋蓋裡布正面相對，車縫一圈（上方不車縫），翻至正面後壓線。**作法請參考 P.108 簡單的白後背包步驟 ⑪**，但此處不需釘磁釦。

15 步驟 **9** 表前片與側身車縫，完成後，再與步驟 **10** 表後片車縫相接。**作法請參考 P.114 花朵的綺想肩背包步驟 ㉒。**

16 裡袋以步驟 **15** 相同作法完成，一側請留返口。

17 將袋蓋固定於表袋身後側，將表袋身套入裡袋身，上方車縫一圈後，從返口翻出。**作法請參考 P.78 午后的和風藍長包步驟 ㉔。**

18 縫合返口後，整燙袋身，並於袋口壓一道裝飾線。**作法請參考 P.78 午后的和風藍長包步驟 ㉕。**

19 釘上皮釦皮片，勾上提把，作品即完成。

日本帆布專業製造商

川島商事株式會社

創業超過七十年，以講究的日本製純棉帆布起家，除了現代技術外，也沿襲日本傳統製法，提供安定素材及品質。

使用嚴選棉花紡織而成的環保織物堅固耐用，清雅而有溫度，並兼具厚度，有獨特風格。重視與自然的羈絆，提供讓大家都喜愛的帆布。

除了現代染布技術外，另尚保留了日本古老染料系列，不另做加工傷害布料，保留帆布原有蓬鬆厚度特性。色調沉穩，隨日照及光線產生程度不一的褪色而顯復古感。無法染製出的中間色調為其特色。

知名品牌
指定合作

特殊加工
滿足需求

地球友好
環保布料

日本製造
全程堅持

日本領先
帆布品牌

JAPANESE CANVAS
KAWASHIMA SHOJI CO.,LTD

"HANPU
JAPAN MA

TRADE MARK

富士金梅

SINCE 1948

品質

FUJIKINBA

川島商事株式会社

■真皮提把提供／
陽鐘拼布材料飾品DIY

陽鐘拼布飾品材料DIY

職人推荐手作素材＆工具好店！
陽鐘拼布飾品材料𝒟𝐼𝒴

工廠直營　高雄老字號在地經營、台灣製造嚴選素材～
販售真皮提把、真皮皮配件、拼布材料、蕾絲花邊、原創布料、卡通授權布料等等…。

歡迎來店洽購
地址：高雄市苓雅區三多三路218之4號1F　　電話：07-3335525

製包本事 02

簡約至上！
設計師風格帆布包
手作言究室的製包筆記

作　　者／Eileen 手作言究室
發 行 人／詹慶和
執行編輯／黃璟安
編　　輯／蔡毓玲・劉蕙寧・陳姿伶
執行美編／陳麗娜
紙型排版／造極
攝　　影／Muse Cat Photography 吳宇童
美術編輯／周盈汝・韓欣恬
出 版 者／雅書堂文化事業有限公司
發 行 者／雅書堂文化事業有限公司
郵政劃撥帳號／18225950
戶　　名／雅書堂文化事業有限公司
地　　址／新北市板橋區板新路206號3樓
電　　話／(02)8952-4078
傳　　真／(02)8952-4084
網　　址／www.elegantbooks.com.tw
電子信箱／elegant.books@msa.hinet.net

國家圖書館出版品預行編目資料

簡約至上!設計師風格帆布包：手作言究室的製包筆記/Eileen
手作言究室著. -- 初版. -- 新北市：雅書堂文化事業有限公司,
2022.11
　　面；　公分. -- (製包本事；2)
ISBN 978-986-302-641-9(平裝)

1.CST: 手提袋 2.CST: 手工藝

426.7　　　　　　　　　　　　　　　　　　111014435

2022年11月初版一刷　定價 580 元

經銷／易可數位行銷股份有限公司
地址／新北市新店區寶橋路235巷6弄3號5樓
電話／(02)8911-0825
傳真／(02)8911-0801

特別感謝
本書使用真皮提把提供／陽鐘拼布飾品材料DIY
本書使用布料&縫紉機提供／隆德貿易有限公司
作法拍攝場地協助／隆德布能布玩台北迪化店

簡約至上！
設計師風格帆布包
手作言究室的製包筆記

簡約至上！
設計師風格帆布包
手作言究室的製包筆記